首阳教育书系

信息时代下计算机教育教学创新研究

郭晓宇◎著

陕西师范大学出版总社 西安

图书代号 JY25N1242SY

图书在版编目（CIP）数据

信息时代下计算机教育教学创新研究 / 郭晓宇著 .
西安 ： 陕西师范大学出版总社有限公司 ， 2025. 5.
ISBN 978-7-5695-5656-8

Ⅰ . TP3-42

中国国家版本馆 CIP 数据核字第 2025TX5822 号

信息时代下计算机教育教学创新研究

XINXI SHIDAI XIA JISUANJI JIAOYU JIAOXUE CHUANGXIN YANJIU

郭晓宇　著

出 版 人　刘东风
出版统筹　杨　沁
责任编辑　王元凯
责任校对　郅　然
特约编辑　刘连景
封面设计　谢婉莹
出版发行　陕西师范大学出版总社
（西安市长安南路 199 号　邮编　710062）
网　　址　http://www.snupg.com
印　　刷　三河市南阳印刷有限公司
开　　本　710 mm×1000 mm　1/16
印　　张　11
字　　数　220 千
版　　次　2025 年 5 月第 1 版
印　　次　2025 年 5 月第 1 次印刷
书　　号　ISBN 978-7-5695-5656-8
定　　价　60.00 元

作者简介

郭晓宇，女，硕士，现为湖南涉外经济学院信息与机电工程学院助理研究员。硕士毕业于中南林业科技大学计算机与信息工程学院，研究方向为计算机应用。主持湖南省教育厅科学研究一般项目“基于Hopfield多关键词爬虫的企业信息情报智能搜集技术研究”（项目编号：19C1070）。参与多个省级和国家级项目，包括计算机类专业的课程思政建设、校企协同育人、课程群建设等课题。发表学术论文2篇。

前　言

在这个日新月异的数字时代，信息技术的迅猛发展不仅重塑了社会的经济结构和人们的生活方式，也对教育领域产生了深远的影响。作为计算机教育的从业者与研究者，我们站在时代的风口浪尖，面临着前所未有的机遇与挑战。本书对信息时代下计算机教育教学创新进行了深入探讨，以期为培养适应未来社会发展需求的计算机人才提供新的思路和方法。

回顾过去，计算机教育经历了从最初的编程语言教学到如今的算法设计、人工智能（AI）、大数据处理等多维度、深层次的发展。在这一过程中，信息技术的每一次革新都成为推动计算机教育进步的重要力量。从早期的计算机辅助教学（CAI）到如今广泛应用的在线学习平台、虚拟现实（VR）、增强现实（AR）及人工智能辅助教学系统，信息技术的进步不断拓宽计算机教育的边界，使得教学内容更加丰富、教学手段更加多样、教学效果更加显著。

然而，面对快速变化的技术环境和学生日益增长的个性化学习需求，传统的计算机教育模式逐渐显露出其局限性。如何有效利用信息技术的优势，创新计算机教育教学方式，成为摆在我们面前的一项紧迫任务。基于这一背景，本书试图从理论与实践两个层面出发，对信息技术在计算机教育中的应用进行深入剖析，提炼出适应时代发展的教学模式和方法，为教育者提供有益的参考和启示。

本书共六章。第一章是绪论，对计算机教育教学研究背景与意义、计算机教育教学相关概念的界定、新的计算机科学技术与教学模式、国内外计算机基础教育及学科教育教学创新理论、国内外计算机基础教育及学科教育人才培养模型、国内外计算机基础教育及学科教育教学改革创新研究与分析做出了详细的论述；第二章是信息时代下计算机基础教育教学改革创新研究，深入浅出地对计算机基础教育教学改革创新研究的背景、计算机基础教育教学改革创新研究综述、计算机基础教育教学改革创新研究的内容、计算机基础教育教学改革创新研究的目标与意义进行了论述；第三章从计算机专业学科课程体系与教学体系改革创新、计算机专业学科教育教学管理与师资队伍建设改革创新、计算机专业核心课程教学改革创新三个方面阐述了信息时代下计算机专业学科教育教学体系的改革创新；第四章以线上线下混合式教学为例，对信息时代下计算机基础课程教学创新进行了研究，首先阐述了计算机基础课程线上线下混合式教学前期分析，其次论述了计算机基础课程线上线下混合式教学的理论基础，最后给出了计算机基础课程线上线下混合式教学的可行性分析；第五章以慕课为例对信息时代下计算机教育教学创新应用进行了研究，对慕课混合学习模式、慕课翻转课堂教学模式进行了介绍；第六章详细阐述了信息时代下提高计算机网络教学效果的创新策略，使用通俗易懂的语言，论述了增加教学的趣味性、激发学生的创造性思维、优化教学方法、丰富教学内容、实施分级教学、搭建网络教学平台，使本章的教学内容更贴近学生的实际需求。

笔者在撰写本书的过程中，搜集了大量的资料，参考了国内外多位专家、学者的著作或译著，在此对他们表示诚挚的谢意。时代的发展日新月异，由于笔者的水平有限，书中不妥之处在所难免，恳请读者批评指正。

郭晓宇

2025 年 1 月

目　录

第一章　绪论 …… 1

第一节　计算机教育教学研究背景与意义 …… 1

第二节　计算机教育教学相关概念的界定 …… 5

第三节　新的计算机科学技术与教学模式 …… 9

第四节　国内外计算机基础教育及学科教育教学创新理论 …… 16

第五节　国内外计算机基础教育及学科教育人才培养模型 …… 21

第六节　国内外计算机基础教育及学科教育教学改革创新研究与分析 …… 24

第二章　信息时代下计算机基础教育教学改革创新研究 …… 28

第一节　计算机基础教育教学改革创新研究的背景 …… 28

第二节　计算机基础教育教学改革创新研究综述 …… 35

第三节　计算机基础教育教学改革创新研究的内容 …… 40

第四节　计算机基础教育教学改革创新研究的目标与意义 …… 45

第三章　信息时代下计算机专业学科教育教学改革创新研究 …… 51

第一节　计算机专业学科课程体系与教学体系改革创新 …… 51

第二节　计算机专业学科教育教学管理与师资队伍建设改革创新 …… 60

第三节　计算机专业核心课程教学改革创新 …… 67

第四章　信息时代下计算机基础课程教学创新研究
——以线上线下混合式教学为例 …… 77

第一节　计算机基础课程线上线下混合式教学前期分析 …… 77

第二节　计算机基础课程线上线下混合式教学的理论基础 …… 83

第三节　计算机基础课程线上线下混合式教学的可行性分析 …………95

第五章　信息时代下慕课在计算机教育教学中的创新应用 …………106

第一节　慕课混合学习模式 …………106

第二节　慕课翻转课堂教学模式 …………114

第六章　信息时代下提高计算机网络教学效果的创新策略 …………128

第一节　增加教学的趣味性 …………128

第二节　激发学生的创造性思维 …………134

第三节　优化教学方法 …………138

第四节　丰富教学内容 …………143

第五节　实施分级教学 …………150

第六节　搭建网络教学平台 …………155

参考文献 …………164

后　　记 …………166

第一章　绪论

信息技术助力计算机教育教学创新研究指出，随着信息技术的快速发展，其在教育领域的应用日益广泛，为计算机教育教学创新提供了新的契机。本章旨在探索如何利用现代信息技术手段，优化计算机教育教学资源配置，提高教学质量，培养具有创新精神和实践能力的计算机专业人才。这些创新举措不仅符合国家发展战略需求和教育改革趋势，也是适应信息技术发展需求的重要举措。通过深入研究和实践，我们期望能够构建出适应新时代需求的计算机教育教学创新模式，推动我国计算机教育事业的持续发展。

第一节　计算机教育教学研究背景与意义

若想将信息技术运用于计算机教育教学中，了解信息技术助力计算机教育教学创新研究的背景与意义至关重要。随着信息技术的迅猛发展，教育领域正经历着深刻的变革。计算机教育作为培养信息技术人才的关键环节，其教学模式和方法的创新显得尤为重要。通过信息技术，教师可以实现教学资源的共享与优化，提升教学效率和质量。同时，信息技术还能激发学生的学习兴趣，培养他们的创新思维和实践能力。我们深入研究信息技术在计算机教育教学中的应用，对于推动教育现代化、培养适应未来社会需求的人才具有重要意义。

一、研究背景

在现代社会中，计算机作为技术进步的产物，其应用已经扩展到社会的各个层面。过去 70 多年的计算机发展可以用“快”字来形容，计算机对人类生活的影响可以用“不可估量”四个字来概括。目前，信息高速公路随处可见，“计算机文化”的概念深深植根于人们的心中，专家曾经提出的“将计算机从计算机专家手中解放出来并成为大众手中的工具”①的想法已成为现实。计算机普及具有全面和多层次的特点，普及对象范围广，是由政府召集、组织和推动的。作为一种专业和职业要求技能，计算机应用能力已成为人们求职的重要条件之一。如果人们不掌握计算机技术，人们就很难掌握先进的科学技术，在激烈的竞争中就会失去优势。对计算机的了解与运用已经成为现代人所学知识的一个组成部分，而网络和多媒体技术的发展使计算机应用进入了一个新的世界。多年前计算机科学家提出的“全球计算机联合”概念成为现实，计算机技术的发展让世界变得越来越“小”，并将人们带入了信息社会，丰富了人们的生活，改变了人们的生活和工作方式②。由此可见，计算机技术的发展推动了信息社会的形成。21 世纪，人们将面临科学技术迅速发展的新世界，许多旧的想法和工作方法将被新的想法和工作方法所取代，21 世纪的学校和毕业生与过去有所不同。谁能抓住这个机遇，谁就能迅速发展并获得主动权，反之将会处于落后和被动状态。

计算机教育在当今时代浪潮中正日益凸显其重要性，也越来越受到社会各界的广泛关注。教育部深刻认识到计算机基础教育对于培养适应信息化社会需求人才的重要作用，因此，其已将计算机基础教育正式确立为各级学校不可或缺的重要课程之一，并投入大量资源大力推广和发展这一领域。当我们仔细回顾近年来高校计算机教育的演变历程时不难发现，我们所面临的教育环境已发生诸多显著而深刻的变化，这些变化具体体现在以下几个方面。

首先，社会信息化的发展呈现出一种向纵深不断推进的趋势，这股浪潮正以前所未有的速度席卷着各行各业。数字化图书馆、电子商务、数字校园等一系列信息化应用如雨后春笋般迅速涌现，不仅极大地丰富了人们的生活方式，也深刻改变了各行各业的工作模式，展现了信息化技术强大的生命力和无限的潜力。

其次，随着现代企业和单位对信息化办公和管理需求的日益增长，对求职者的计算机能力要求也越来越高。就目前的市场就业形势来看，求职者的计算机水平和外语水平已成为衡量其综合能力的重要参考指标之一。这一变化无疑反映了社会信息化发展趋势对学校培养学生信息处理能力要求的显著提升，也促使高校在课程设置和教学内容上更加注重学生计算机应用能力的培养。

再次，中小学的计算机教育在经历了初期的摸索和实践后，逐步走向正轨。

① 冯翔宇，庞美严，李彦．计算机教育教学的发展研究 [M]. 长春：吉林出版集团股份有限公司，2023.

② 葛瑞泉．计算机思维与大学计算机基础教育探究 [J]. 科技风，2019（6）：34.

教育部针对中小学信息技术领域制订了详细的教育计划和课程标准，并通过不断优化教学资源、改善教学条件等措施，逐步提升了中小学信息技术教育的整体水平。这一变化将直接惠及高校，使一年级新生的计算机知识水平得到明显的提升，为后续的专业学习打下坚实的基础。

最后，计算机技术在众多学科的课程教学中得到了广泛的应用，成为一种不可或缺的课程教学辅助手段。无论是教师利用多媒体教学资源进行授课，还是学生在课后利用网络资源进行自主学习，都需要具备一定的计算机操作技能。因此，无论是从教师的角度还是从学生的角度来看，掌握一定的计算机技能都是应对课程教学过程中各种挑战的必要条件。

计算机应用能力作为学生必备的一种学习和生活技能，其重要性已经不言而喻。它已成为学生知识结构中不可或缺的一部分，对于提升学生的综合素质和竞争力具有举足轻重的作用。因此，全国各大高校纷纷积极开设计算机教学课程，旨在通过系统的教学和训练，让学生掌握扎实的计算机基础知识和实践技能，为他们未来在专业领域中应用计算机的能力打下坚实的基础。因此，如何进一步改革计算机课程内容、优化教学方法及提升教学质量，已成为当前教育领域一个亟待深入研究和探索的重要课题。

二、研究意义

课程作为组织教学活动的一个基本框架，对于学生的思维形式、学习能力及综合素质的发展能够起到至关重要的作用。它不仅承载着知识的传授任务，更是培养学生创新思维和实践能力的重要载体。随着科技的日新月异和社会的不断进步，课程的形式和内容也变得更加丰富多彩，更加贴近学生的实际需求。

（一）理论意义

计算机基础教育方面的课程改革和教学优化的研究，是一项具有深远意义的重要课题，其核心在于通过创新教学方法和手段，深度挖掘学生的学习潜力，从根本上提高学生学习的实效性。这一研究不仅着眼于当下，更着眼于未来，旨在通过优化课程设置和教学模式，全面提升计算机基础教育的整体教学质量，培养出既拥有扎实的信息素养和计算机技能，又具备创新思维和实践能力的高素质人才。

在信息技术迅猛发展的今天，计算机基础教育的重要性愈发显著。它不仅为学生掌握现代信息技术工具奠定了坚实的基础，更为他们未来的职业发展和终身学习提供了不可或缺的支持。因此，教育者必须紧跟时代步伐，不断推进计算机基础教育的课程改革和教学优化，以适应信息技术发展的新趋势和新要求。

通过课程改革和教学优化，教师不仅要向学生传授必要的计算机知识和技能，更要注重激发学生的学习兴趣和动力，培养他们的自主学习能力和解决问题的能力。这需要教师不断创新教学方法和手段，如采用项目式学习、探究式学习等新型教学模式，让学生在实践中学习、在探究中成长。

这一研究不仅具有重要的现实意义，能够直接提升当前计算机基础教育的质量和效果，为广大学生提供更加优质的教学资源和服务，更具有深远的教育价值，能够为未来的计算机基础教育提供有益的参考和借鉴，推动我国计算机教育事业的持续发展，为培养更多具备信息素养和创新能力的优秀人才贡献力量。

（二）实践意义

第一，我们深入剖析当前的计算机教育状况不难发现，计算机技术的更新换代速度明显快于传统教育模式更新步伐。在传统教育模式下，学生往往被困于封闭的课程体系之中，所接触到的理论与实践往往存在明显的脱节，且知识的更新速度严重滞后于技术的实际进展。这种现状导致学生在面对日新月异的计算机领域时，难以适应社会对计算机专业人才的高标准需求。因此，计算机基础课程的改革和教学方式的优化显得尤为迫切。我们需要打破传统的教育束缚，积极引入前沿技术和丰富的实用案例，以构建一个既注重理论深度又强调实践应用的教学体系，从而有效地培养出既拥有扎实的理论基础又具备较好的信息素养的计算机专业人才。

第二，在现代教育理念的指导下，学生实践能力的培养、创新思维的激发及解决问题技能的提升成为教育的核心目标。计算机基础教育作为培养学生综合素质的关键一环，其重要性不言而喻。通过系统传授计算机技能和培养学生的计算思维，计算机基础教育不仅能够帮助学生熟练掌握现代信息技术工具，更能够通过培养计算思维激发他们的探索精神，进而培养他们的自主学习能力和终身学习的习惯。这种教育模式能够让学生更好地适应快速变化的社会环境，实现现代教育的根本目标。

第三，教师在教学活动中始终发挥着举足轻重的作用。他们不仅是知识的传播者，更是学生学习旅程中的引导者和支持者。面对社会对教育质量日益提高的要求，教师需要不断提升自身素质和教学水平，以适应教育发展的新趋势。计算机基础课程的改革和教学方式的优化，为教师提供了更多创新教学手段和方法的机会，使他们能够更全面地了解学生的学习进程、学习能力和知识掌握程度。在此基础上，教师可以实施更加精准有效的教学指导，帮助学生克服学习障碍，提升学习效率。同时，这一过程促使教师不断更新自己的知识储备，保持与时代发展同步，从而提升教学质量和效果。

第四，从计算机基础课程的设置定位来看，其本身就具有很强的实践操作性。计算机教学探索的一个关键点是，如何有效提升学生的实践能力及其应用水平。通过计算机基础课程的改革和教学方式的优化，教师可以更加系统地设计和实施实践教学环节，如增加实验操作、项目实践、案例分析等内容。这些实践教学活动能够使学生在动手实践中深化对理论知识的理解，提高其解决实际问题的能力，从而在真正意义上实现学生计算机技能与实践能力的双重提升。这种教学模式不仅能够增强学生的综合素质，还能够为他们未来的职业发展奠定坚实的基础。

第二节　计算机教育教学相关概念的界定

教师了解计算机教育教学相关概念的界定，对于其教学工作的开展具有推动意义。首先，教师明确界定相关概念有助于其构建清晰的知识框架，为其深入研究计算机教育教学提供坚实的基础；其次，教师准确理解这些概念有助于避免误解和混淆，确保研究的准确性和有效性；最后，教师掌握相关概念的界定，还能促进学术交流与合作，推动计算机教育教学领域的不断发展。因此，教师在进行计算机教育教学研究之前，必须对相关概念进行清晰、准确的界定。

一、计算机学科的概述

计算机学科的全称是“计算机科学与技术”，是一门深入探讨计算机设计与制造原理，以及如何利用计算机进行信息获取、表示、存储、处理与控制的综合性学科。它不仅关注理论层面的探索，还注重于实践应用的开发，是计算学科（Computational Discipline）这一更广泛领域中的重要组成部分。计算学科通过计算机这一强大工具，构建数学模型模拟物理过程，以辅助科学调查与研究，其范畴广泛涵盖了信息学、计算机工程、软件开发等多个学科分支。而计算机学科则聚焦于这些学科中的基础理论与核心技术，是这一领域中最为核心与基础的部分。

要推动计算机学科的深入改革，我们首先需要深刻理解计算机学科的基本概念、原理及其发展脉络。这种理解不能仅仅局限于表面的知识掌握，而是要求我们从根源上把握计算机学科的本质，包括它是如何在数学、物理和电子工程等基石上逐步发展壮大的。计算机学科作为一门交叉学科，其知识体系丰富多元，综合了多个学科领域的精华，这种综合性的特点使得计算机学科的学习既充满挑战又极具吸引力。

鉴于计算机学科的高要求，学生在学习过程中，不仅要深入钻研理论知识，构建坚实的学术基础，更要注重实践操作和综合应用能力的培养。理论知识是指引实践的灯塔，而实践操作则是检验理论、深化理解的试金石。通过参与项目实践、编写代码等活动，学生能够将理论知识转化为解决实际问题的能力，从而在计算机学科的学习道路上走得更远。

计算机学科的改革应当围绕强化理论与实践相结合的教学理念，注重培养学生的创新思维、问题解决能力和团队协作能力。通过不断更新教学内容、优化教学方法、引入前沿技术，我们可以为学生提供更加贴近实际、富有挑战性的学习环境，激发他们的学习兴趣，帮助他们成长为既具备扎实的理论基础，又拥有高超实践技能的复合型人才，为计算机学科的发展贡献自己的力量。

二、计算机专业学科教育

计算机专业学科教育是围绕计算机学科，以培养具备扎实的专业知识、实践技能与创新能力的专业人才为目标的教育活动体系。

从知识传授角度来看，它涵盖计算机硬件、软件、网络、算法等多方面基础与前沿知识。在硬件方面，主要讲解计算机组成原理，包括中央处理器、内存、硬盘等硬件组件的结构与工作机制，以及数字电路、计算机体系结构等知识，让学生理解硬件系统如何构建与运行。在软件方面，教授编程语言，如 C、Java、Python 等，从语法基础到复杂程序设计，培养学生编写各类软件的能力，还涉及操作系统、数据库管理系统、软件工程等知识，使学生掌握软件系统的开发、管理与维护方法。在网络方面，包含计算机网络原理、网络协议、网络安全等内容，帮助学生理解网络通信机制与网络安全防护。在算法方面，则聚焦于算法设计与分析，培养学生运用算法解决实际问题的思维能力。该专业帮助学生构建全面的知识体系，主要课程包括电路原理、模拟电子技术、数字逻辑、数值分析、计算机原理、微型计算机技术、计算机系统结构、计算机网络、高级语言、汇编语言、数据结构、操作系统、数据库原理、编译原理、图形学、人工智能、计算方法、离散数学、概率统计、线性代数、人机交互、面向对象程序设计和计算机英语等。

实践技能培养是计算机专业学科教育的关键部分。通过实验课程，学生在实验室中进行硬件组装、软件调试、网络配置等操作，提升动手能力。如在计算机组装实验中，学生亲手组装计算机硬件，安装操作系统，排查硬件故障；在软件开发实践中，学生按照软件工程流程，从需求分析、设计、编码到测试，完成实际项目开发；在网络实践课程中，学生亲手搭建小型网络拓扑结构，配置网络设备，进行网络故障诊断与修复。此外，实习与实训环节让学生走进企业，参与实际项目，接触行业前沿技术与工作流程，积累实战经验。

创新能力培养贯穿计算机专业学科教育全程。为培养学生的创新能力，教师应从以下几方面入手：鼓励学生参与科研项目，探索计算机领域新问题、新技术，如人工智能算法优化、新型计算机体系结构研究等；组织学生参加各类学科竞赛，如程序设计竞赛、软件设计大赛、网络安全攻防赛等，在竞赛中激发学生的创新思维，培养他们团队协作与解决复杂问题的能力；在课程设置上，开设创新实践课程，引导学生自主提出项目创意，运用所学知识进行设计与实践，不断提升学生的创新能力，使其适应计算机行业的快速发展与创新需求。

三、非计算机专业计算机课程

非计算机专业的计算机课程一般可以分为两个部分：基础课程和专业应用课程。

首先，计算机基础课程的主要目的是让学生具备基本的计算机操作能力，使其能够在日常学习、工作和生活中熟练运用常见的软件工具。这门课程的教学目标更侧重于帮助学生积累基础计算机知识，了解计算机的基本功能与用途，而不是深入学习计算机技术。

其次，针对不同学科或专业的需求，非计算机专业的学生还需要学习计算机应用技术课程。此类课程的重点是培养学生利用计算机技术解决本专业实际问题的能力。在课程设计上，更侧重于实践，尤其注重学生独立思考、协作学习及动手操作能力的培养。由于篇幅有限，本书对此类课程不展开讨论。

四、计算机基础教育

我国的计算机基础教育经过多年发展，已经从最初的起步阶段，逐步走向普及，并且从少数理工科专业的先行到如今所有高校普遍开展相关课程，取得了显著的成效。高校的计算机教育可以分为两大类：一类是专门针对计算机专业的学科教育，另一类是针对全体大学生的计算机基础教育。

对于非计算机专业的学生来说，计算机基础教育尤为重要，因为这一部分学生占据了 90% 以上的比例。计算机基础教育的核心目标是为学生提供计算机及相关信息技术的基本知识，并培养学生利用计算机解决问题的能力和意识。这种教育不仅注重提升学生的计算机操作能力，还培养他们将计算机技术应用于解决各自专业领域中的实际问题的能力。

五、课程改革概述

课程的定义可以从广义和狭义两个角度来理解。从广义上讲，课程是学校为实现培养目标所选择的所有教育内容与进程的总和，包括教育目标、教学内容、教学方式、课程实施过程等方面，并且不仅指学校讲授的每一门科目，还包括有计划和有针对性的教育组织。狭义上的课程，则是指一门具体的学科课程内容。

关于课程的定义，不同学者有不同的理解。西方学者认为，课程是“教育内容或教材”，或者是一种精心设计的“活动计划”，即通过活动和内容的设计来实现教育目标。而我国学者认为，课程的定义更侧重于教学经验、教学内容及不同学科的课程安排。

课程改革指的是教学方法和学习方式的改变，强调学生要主动学习，培养其积极的学习态度，并重视知识转移的趋势。通过改革，知识获取的过程成为一个全面的学习过程，同时帮助学生形成正确的价值观。传统的教学方法往往具有“被动、依赖、统一”等不足，现代教学方法的改革正是针对这些问题进行改善。

课程改革的核心理念是“以学生为中心，促进学生的全面发展”。这意味着学校在制订所有教育策略和教学方法时，都应围绕学生的成长需求进行，最终帮助学生获得生存所需的基本技能，如独立学习、团队合作、信息处理等，从而确保学生能够在未来社会中生存，并为社会的发展作出贡献。总体来说，所有教育活动的最终目标都是促进学生的全面发展。

在此过程中，首先应完成基础教育的任务，培养学生成为合格的中国公民；其次培养他们成为有能力、有责任心的社会主义事业的建设者和接班人。

第三节　新的计算机科学技术与教学模式

在当前教育环境中，新的计算机科学技术和创新的教学模式不断涌现。它们为教育带来了革命性的变化，不仅加速了教育领域的创新进程，还显著提高了教学效率和教学质量。这些技术和模式使得学生能够在一个更加智能化、互动性强的学习环境中接受教育，有助于培养他们的创新思维和实践能力。通过运用现代技术，学生能够更好地应对各种挑战，锻炼自己解决实际问题的能力。同时，这为教师提供了更新和完善自身知识结构的机会，使其能够更加灵活和有效地适应时代的发展需求。教师通过不断更新教育方法，能够为学生创造出更加丰富的教育资源和更高效的教学环境，从而全面提升教育的质量和效果。

一、新的计算机科学技术

随着计算机科学技术的不断发展和应用，传统教学模式得到了极大的丰富和创新。这些技术不仅使抽象的知识变得更加具体和生动，使学生更容易理解深奥的概念，还大大拓宽了教学资源的可获取范围。借助这些技术，学生能够实时接触到世界各地的最新科技进展和科研成果，极大地拓宽了他们的视野，也让他们能够及时了解学科的最新动态。这些技术的应用，尤其在推动个性化教学方面起到了积极作用。教师可以根据学生的不同需求，为其量身定制学习路径，并通过智能反馈机制来动态调整教学策略，从而保证每个学生都能在最适合自己的环境中成长和进步。

（一）物联网

物联网作为新一代信息技术的关键组成部分，标志着信息时代的重要发展阶段。顾名思义，物联网是通过互联网连接万物，实现信息交换和通信的技术体系。这一概念具有双重含义：第一，物联网的基础依旧是互联网，所有的物联网应用都建立在互联网的基础上，延伸了互联网的功能和范畴；第二，物联网的用户端不仅包括人与人之间的连接，更重要的是将物与物之间的沟通和信息交换纳入其中，实现了万物互联的目标。物联网的实现离不开智能感知、识别技术和普适计算等先进的通信感知技术，它们广泛应用于网络融合和信息交换中，推动了物联网技术的普及。因此，物联网不仅是互联网的延伸，更代表了信息产业发展的第三次浪潮。从本质上讲，物联网不仅是网络的构建，它更侧重于业务和应用的创新，尤其是用户体验方面的创新。

（二）云计算

云计算作为一种基于互联网的服务交付模式，通过虚拟化技术提供动态、易扩展的计算资源，满足用户的各种需求。云的比喻来源于网络图中的抽象表示，最初用来指代电信网，后来逐渐被用来表示互联网及其底层基础设施。云计算技术的强大计算能力使得用户能够处理每秒 10 万亿次的运算，这种能力可用于模拟复杂的物理现象（如核爆炸），以及进行气候变化预测、市场趋势分析等。用户可以通过各种设备，如个人计算机、手机等，访问云数据中心，按需进行运算操作。

尽管对于云计算有着不同的定义和解读，但目前最为广泛接受的定义来自美国国家标准与技术研究院：云计算是一种按使用量付费的服务模式，通过网络提供便捷、可配置、共享的计算资源池，包括服务器、存储、应用软件和服务[①]。

（三）大数据

对于“大数据”，研究机构“高德纳”给出了这样的定义：“大数据”是需要新处理模式才能具有更强的决策力、洞察发现力和流程优化能力来适应海量高增长率和多样化的信息资产[②]。麦肯锡全球研究所给出的定义：一种规模大到在获取、存储、管理、分析方面大大超出了传统数据库软件工具能力范围的数据集合，具有海量的数据规模、快速的数据流转、多样的数据类型和价值密度低四大特征[③]。

大数据技术的战略意义并不在于获取庞大的数据，而在于如何通过专业化的手段对这些有价值的数据进行深入处理。换句话说，如果将大数据视为一个产业，那么这个产业成功盈利的核心就在于提升“数据加工能力”。通过对数据进行深度加工和提炼，我们能够从中发掘隐藏的价值，从而使数据实现真正的“增值”。

从技术层面来看，大数据与云计算之间的关系如同一枚硬币的两面，密不可

① 徐福荫，黄慕雄，胡小勇，等.提升教育技术学专业人才信息技术应用创新能力“三融合”培养模式构建与实践[J].中国电化教育，2021（5）：138-142.

② 訾永所，舒望皎，傅正强，等.新课标下高职院校信息技术课程教学改进[J].昆明冶金高等专科学校学报，2024，40（2）：108-115.

③ 姜颖.大数据时代高职院校信息技术课程教学改革的路径研究[J].中国新通信，2023，25（12）：140-142.

分。大数据无法依靠单台计算机进行处理，必须依赖分布式架构进行处理，特别是在对海量数据进行分布式挖掘时，分布式架构显得尤为重要。但要实现有效的分布式处理，云计算的技术支持必不可少，尤其是云计算中的分布式处理技术、分布式数据库、云存储及虚拟化技术。随着云计算时代的到来，大数据吸引了更多的关注与研究。许多分析师认为，大数据通常是指企业或组织生成的非结构化和半结构化数据，这些数据由于其规模庞大和格式多样，传统的关系型数据库难以高效处理，导致数据的下载和分析往往需要投入大量的时间和资金。大数据分析与云计算的结合尤为重要，因为实时分析大型数据集时，需要使用分布式计算框架，将工作分配到数百甚至数千台计算机上，以实现高效的计算和分析。

大数据的有效处理需要借助一系列特殊的技术，这些技术包括大规模并行处理数据库、数据挖掘、分布式文件系统、分布式数据库、云计算平台、互联网及可扩展的存储系统等。只有依托这些先进的技术，才能在大数据时代实现高效的数据处理和价值挖掘。

（四）人工智能

人工智能这一概念可以分为“人工”和“智能”两个部分进行解释。在这两个部分中，“人工”部分相对容易理解，通常指由人类制造或创造的系统或设备，这部分没有太多争议。我们通常会探讨人类是否具备足够的智能去创造出智能系统，或者人类自身的智能是否足够高，能够模拟或复制类似的人工智能。然而，真正复杂和争议的部分在于“智能”的定义，这涉及意识、自我认知、思维等诸多哲学性问题，甚至包括有意识和无意识的思维。普遍认同的观点是，人类所了解的智能是基于自身的智能，但我们对自身智能的理解依然有限，因此很难准确地定义“人工智能”是什么。

人工智能在计算机领域受到越来越多的重视，并在许多领域中得到了广泛应用，尤其是在机器人技术、经济和政治决策、控制系统和仿真系统中，体现了人工智能的基本思想和核心内容。人工智能的研究目标是构建具有一定智能的人工系统，探讨如何通过计算机软硬件模拟和实现人类的某些智能行为，从而让计算机能够完成那些曾经依赖人类智能的任务。

人工智能不仅是计算机学科的一个分支，20 世纪 70 年代以来它还被认为是三大尖端技术之一，并被视为 21 世纪最重要的三大尖端技术之一。这是因为在过去的几十年里，人工智能技术飞速发展，广泛应用于各个领域，并取得了显著成果。如今，人工智能已逐渐成为一个独立的学科体系，在理论和实践方面都有了较为成熟的结构。

作为一门学科，人工智能的研究主要集中在如何模拟人类的思维过程和智能行为上，例如学习、推理、规划等。它涉及多个学科，包括计算机科学、心理学、哲学和语言学等，超出了计算机学科的范畴，成为自然科学领域和社会科学领域的交叉学科。人工智能与思维科学之间的关系，是理论与实践的结合，人工智能处在思维科学的技术应用层面，是其一个重要的应用分支。从思维的角度来看，人工智能不局限于逻辑思维的模拟，还需要涵盖形象思维和灵感思维，只有在此基础上，人工智能才能实现重大突破。此外，数学作为基础科学的一部分，也在人工智能领域中发挥着重要作用，特别是在标准逻辑、模糊数学等方面，数学为人工智能的发展提供了强大的支持。

（五）区块链

区块链在狭义上被定义为一种数据结构，通过将数据区块按时间顺序链接在一起，形成一个不可篡改、不可伪造的链式账本，并通过密码学确保数据的安全性。这种技术的核心在于，通过分布式的账本管理和加密算法来保障数据的真实性与安全性。在广义上，区块链则是一种新型的分布式计算架构，它利用链式数据结构进行数据验证和存储,同时依靠分布式网络节点的协作来生成和更新数据。此外，区块链还借助智能合约技术，通过自动化的脚本来编程和操作数据，形成了一种全新的计算模式和基础设施。

区块链的系统架构通常包含六个主要层级：数据层、网络层、共识层、激励层、合约层和应用层。数据层负责存储底层数据区块，并对其进行加密保护，同时记录时间戳等基础数据。网络层则包括分布式的网络组网机制、数据的传播和验证机制等，确保数据在全球节点间的一致性和透明性。共识层聚焦于各种网络节点之间的共识机制，它通过特定的算法确保区块链的去中心化特性和数据的准确性。激励层引入了经济激励机制，通过代币的发行与分配促进节点的参与与活跃度。合约层则封装了智能合约和脚本，使得区块链具备了可编程特性，支持自动化处理。应用层则是区块链技术的落地层，承载着具体应用场景和实际案例。

在这一多层架构中，基于时间戳的链式数据结构、分布式节点的共识机制、利用计算能力的经济激励模式及智能合约的编程能力，构成了区块链技术的创新核心。

（六）移动互联网

移动互联网是将传统的移动通信技术与互联网深度融合所形成的全新技术与服务体系。随着 5G 技术的引入和智能移动终端设备的普及，移动互联网进入了一个前所未有的发展新阶段。这种结合不是互联网技术与通信技术的简单叠加，而是形成了一个高度集成、功能丰富的产业体系，具有广阔的发展前景和巨大的市场潜力。

在技术架构上，移动互联网由三个层次构成：终端层、网络层和应用层。终端层覆盖了多种类型的设备，强调个性化、智能化及多任务并行的特点；网络层主要通过不同的协议确保各类服务和数据的传输与交换；应用层则充满了丰富的服务，满足不同用户需求的应用程序种类繁多。

根据无线世界研究论坛的看法，移动互联网具有自适应性、个性化及环境感知能力，这意味着它能够根据用户需求和周围环境变化调整服务内容。为了实现这一点，移动互联网依赖于一套完整的技术框架，其中应用程序编程接口为各种服务提供交互支持。移动中间件层的服务功能包括建模、数据管理、配置、服务发现、事件通知等模块，这些模块共同促进了服务的自动化和智能化。与此同时，互联网协议簇，包括 IP 服务协议、传输协议、控制协议等，确保了从网络层到链路层的高效数据传输和无缝连接。此外，操作系统在连接各层协议和硬件资源方面发挥着关键作用，硬件和固件则提供了必不可少的终端设备支持，使得整个系统能够稳定、快速地运行。

（七）量子计算

量子计算是一种利用量子力学原理进行数据处理的新型计算方式。与传统计算机使用二进制比特进行运算不同，量子计算机使用量子比特，这些量子比特可以同时处于多个状态（叠加态），并通过量子纠缠实现信息的瞬时传递，这使得量子计算机在处理某些特定问题，如量子模拟、优化问题和密码学问题时，具有比传统计算机更高的效率。近年来，量子计算技术取得了显著进展，包括量子比特的稳定性和可扩展性提升、量子纠错技术的突破及量子算法的开发等。中国科学技术大学潘建伟、朱晓波团队成功构建的“祖冲之三号”超导量子计算原型机，在处理“量子随机线路采样”任务时，速度比目前最快的超级计算机快千万亿倍，展示了量子计算的巨大潜力。

二、新的教学模式

教师掌握基于信息技术的新的计算机教育教学模式十分必要，它能有效应对信息时代的教育挑战，提升学生的信息素养与自主学习能力。通过融合线上线下教学、利用大数据分析学情，这种模式能更精准地满足学生需求，推动教育公平与质量的双重提升。

（一）慕课

慕课，即“大规模开放在线课程”，其英文全称为“Massive Open Online Courses”，简称为“MOOC”。这一教育模式包含了四个关键要素：首先，“大规模”表示这类课程不同于传统课堂教学，它面对的学生人数可以从几千人到几万人，甚至可达到十几万人；其次，“开放”意味着任何有兴趣的学习者都可以参与，无论其国籍或背景，只需要注册一个邮箱即可加入；再次，“在线”指学习的过程完全通过互联网进行，不受时间和空间的限制，学习者可以随时随地进行学习；最后，“课程”表明该模式通过提供各种课程内容，让全球用户能够享受高质量的教育资源。慕课的名称来历如图 1-1 所示。

自 2012 年以来，慕课开始在全球的高等教育中广泛应用，对传统教育体系产生了深远的影响。美国的一些在线教育平台迅速崛起，吸引了世界各地的顶级大学加入，向全球开放优质的在线教育资源。这些平台不仅提供了海量的免费课程，还通过与哈佛、斯坦福、麻省理工等世界著名高校的合作，使全球学习者能够接触到世界一流高校的教学内容。同时，我国的多所高校也先后加入这些平台，与全球的高校共同推进在线教育的国际化，搭建起一个国际化的学习网络。

图 1-1　慕课的名称来历

慕课的内涵可以从以下三个方面进行详细解析：课程形态、教育模式和知识创新。首先，从课程形态的视角来看，慕课是一种通过互联网将全球分布的教育者和成千上万的学习者联系起来的大规模虚拟在线课程。与传统的课程形式不同，慕课不仅提供视频、教材、习题集等常见的教学资源，还通过互动性论坛等方式建立学习社区。这样，成千上万的学习者可以在共同的兴趣和目标的推动下，共同参与到课程学习中来。其次，从教育模式的角度来看，慕课代表了一种崭新的教育模式，它通过开放的教育资源和学习服务，打破了传统教育体制的限制。慕课通过网络完成整个教学过程，使任何有学习需求的人都能随时通过互联网参与学习。慕课不仅是教育技术的革新，还深刻地影响了教育理念、教育体制、教学方法及人才培养的方式，推动着高等教育的不断改革与创新。最后，从知识创新的角度来看，慕课为知识的创造提供了一个全新的平台。它不仅引导学习者重新组织和利用信息资源，还鼓励学习者自主探索、发现和创造新的知识。在这个过程中，学习者通过协作、对话和分享思想，激发灵感和创新，推动知识的不断进化。慕课通过聚集不同背景的学习者、教育者和研究者，促进了思想的碰撞和交流，进而形成了一个多元化、内容丰富的分布式知识库，为人类的智慧创造提供了新的可能性。

（二）小规模限制性在线课程

小规模限制性在线课程（Small Private Online Course，简称 SPOC）模式最初由美国加州大学伯克利分校的阿曼德·福克斯教授提出，并逐步在全球范围内推广。与慕课模式相比，小规模限制性在线课程的课程规模较小，通常限制在几十人到几百人之间，并设置了严格的准入条件，只有符合条件的学生才能报名参与。这样一来，小规模限制性在线课程不仅保留了慕课的大规模在线教学优势，还能为学生提供定制化的学习体验。

例如，在美国圣何塞州立大学，教师采用了麻省理工学院的电路原理课程，并利用慕课中的高质量教学内容，同时通过系统的自动评分与反馈机制，使学生能够高效掌握课程内容。课堂时间则主要用于实验和设计活动，教师与助教可以更集中地指导学生的实际操作和思维训练，从而避免了传统教学中的时间浪费。这种方式不仅降低了教育成本，还提升了教学质量，使得学生成绩比以前提高了 5%。

相比慕课，小规模限制性在线课程在课堂互动方面表现得更为出色。在该模式下，学习者不再是孤立地完成学习任务，而是加入一个有共同目标的学习小组中，与其他学习者协作、讨论，甚至共同创造新知识。学习过程不再是单纯地接收信息，而是通过团队互动，使得集体智慧不断迸发，帮助学生更加深入地理解学习内容。线上和线下相结合的方式进一步提升了学习效果，使得学生和教师之间、学生与学生之间的互动变得更加频繁和高效。

在具体的学习过程中，学生可以通过教师提前准备的学习资料，利用各种在线平台主动进行知识获取和问题讨论。与此同时，他们还可以共享学习资源，解决彼此在学习中遇到的难题，甚至在交流中产生新的学习思路，为深入学习提供新的线索。教师在这一过程中扮演着至关重要的角色，除了提供必要的学习资源，还需要根据学生的学习进展，适时地进行指导和提供帮助。

第四节　国内外计算机基础教育及学科教育教学创新理论

随着计算机技术不断更新，新的编程语言、算法和应用如雨后春笋般不断涌现，在这样的大背景下，传统的教学理论和模式已愈发难以适应这一迅猛的变化。此时，国内外计算机基础教育及学科教育教学创新理论便彰显出了巨大的意义，它能促使教学内容和方法紧跟时代步伐，做到与时俱进。借助这些理论的指引，教学不再局限于陈旧的知识体系，而是能够及时将计算机领域的前沿知识和技术融入其中，让学生能够接触并掌握最新的专业动态，从而为他们未来的职业发展和学术研究打下坚实的基础。

同时，当今社会对计算机人才的要求日益多元化，已不再局限于专业知识的掌握，创新能力、团队协作能力、问题解决能力等综合素养成为衡量优秀计算机人才的重要标准。而国内外先进的计算机基础教育及学科教育教学创新理论高度强调对学生综合能力的培养，通过在教学过程中运用项目式学习、小组合作等多样化的教学方法，能够有效地弥补传统教学在综合能力培养方面的不足，全方位提升学生的综合素养。

一、国内外计算机基础教育教学创新理论

随着信息技术的迅猛发展和社会的快速变革，计算机基础教育的重要性日益凸显。然而，当前计算机基础教育面临诸多挑战和问题，已经影响教育质量和教

学效果。因此，教育工作者迫切需要对计算机基础教育教学创新理论进行研究，以适应时代发展的需要，培养适应未来社会发展的优秀人才。

（一）建构主义学习理论

建构主义作为一种深刻影响教育实践的理论框架，其核心主张在于强调个体（包括教师和学生）通过个人经验和互动来构建对世界的多元理解。这一理论颠覆了传统教育中知识被视为静态、客观存在的观念，转而认为知识是主观构建的，是学习者在其社会文化背景中，通过与他人的互动和合作不断调整和深化的结果。建构主义尤其突出了“合作学习”的重要性，将其视为教学过程中不可或缺的核心环节，这不仅促进了学生之间的知识共享和思维碰撞，还提升了他们的团队协作能力。

在这一理论指导下，教师的角色发生了根本性的转变，从单纯的知识传授者转变为知识构建的引导者和促进者。教学过程不再是单向的知识灌输，而是一个师生共同参与、合作探索、意义共建的动态过程。这意味着教师需要设计以学生为中心的教学活动，鼓励学生主动探索、质疑和反思，同时提供必要的指导和支持，帮助学生在探索中形成自己的理解和知识体系。

对于高等教育的计算机基础课程而言，建构主义学习理论提供了宝贵的启示。面对快速迭代的技术环境和日益复杂的学习需求，如何高效地管理教学内容，同时保障学生的自主学习权利和能力，成为一个亟待解决的关键问题。传统的教学模式往往侧重于理论知识的灌输和编程技能的机械训练，忽视了学生个体差异和主动建构知识的重要性，这在一定程度上限制了学生的创新能力和问题解决能力的提升。

因此，教师们应当积极响应建构主义的号召，勇于打破传统教学模式的束缚，积极探索和实践符合建构主义学习理论的新型教育模式。这包括但不限于采用项目式学习、翻转课堂、在线协作平台等现代教学方法，以激发学生的学习兴趣，促进他们之间的深度互动与合作。通过这些方法，学生可以在解决实际问题的过程中主动探索和学习计算机基础知识，同时培养批判性思维、创新能力和团队合作精神。

此外，教师还应注重评价体系的改革，采用多元化评价方式，如同伴评价、自我评价、项目展示等，全面反映学生的学习成果和综合能力。这样的评价体系不仅能够更准确地评估学生的学习成果，还能够激励学生积极参与学习过程，促进他们的全面发展。

建构主义学习理论为高等教育的计算机基础课程教学改革提供了重要的理论支撑和实践指导。教师们应当紧跟时代步伐，不断创新教学方法和模式，努力构建以学生为中心、强调合作学习和意义共建的新型教育模式，以适应信息时代对人才培养的新要求。

（二）分层教学理论

分层教学理论源于美国著名的教育家、心理学家布鲁姆在 20 世纪 70 年代提出的“掌握学习”理论，源于苏联教育家维果茨基提出的“最近发展区”理论，源于苏联很有影响力的教育家、教学论专家巴班斯基提出的“教学过程最优化”理论①。

我国大学生因入学前计算机教育程度有所差异，导致他们在大学期间的学习起点差异较大，因而实施分层教学显得尤为必要。分层教学是根据学生的学习潜力与差异，将全班学生划分为多个层次，针对不同层次的学生进行个性化的教学。教学目标、内容、速度与方法可以根据学生的知识水平和接受能力做出相应调整，从而确保教学能更好地适应各层次学生的“最近发展区”，并不断提高他们的认知水平。

（三）情境学习理论

情境学习理论作为一种深刻影响教育领域的理论，其核心观点——知识并非孤立存在的，而是在特定情境之中，通过实践活动的参与和体验逐步构建起来的。这一理论强调了情境对于学习过程的重要性，认为只有在真实或模拟的情境中，学习者才能够真正地理解和掌握知识，进而将其应用于解决实际问题中。

在计算机基础教育中，情境学习理论的应用显得尤为重要。计算机学科作为一门实践性极强的学科，其知识体系和技能掌握往往需要通过大量的实践活动来巩固和提升。因此，情境学习理论为计算机基础教育提供了一个有力的指导方向：学生应在模拟或真实的计算机工作环境中学习，通过参与项目、解决实际问题来深化对计算机概念的理解。

在模拟环境中，学生可以通过虚拟实验室、在线编程平台等工具，模拟真实的计算机工作环境，进行编程练习、系统调试、数据分析等操作。这些模拟环境不仅为学生提供了安全、可控的学习空间，还能够根据学生的学习进度和能力水平进行个性化的调整，以满足不同学生的需求。

---

① 王仕勋．高职信息技术课程分层教学策略的探索与实践：以黄冈职业技术学院信息技术课程教学为例 [J]. 黄冈职业技术学院学报，2022，24（3）：35-38.

通过情境学习理论在计算机基础教育中的应用，学生不仅能够掌握扎实的计算机基础知识和技能，还能够培养解决实际问题的能力和团队协作能力。这些能力对于学生在未来的职业生涯中应对快速变化的计算机领域的挑战、实现个人价值具有重要意义。因此，情境学习理论为计算机基础教育提供了有力的理论支撑和实践指导。

（四）联通主义学习理论

联通主义学习理论作为一种新兴的学习理论，其核心观点在于学习被视为一个建立知识网络的过程。这一理论强调了信息、知识和技能的连接与整合，认为学习不只是对孤立知识点的掌握，更是将这些知识点融入个人知识网络中，形成连贯、系统的知识体系。在这个过程中，连接和整合成为学习的关键要素。

在计算机基础教育中，联通主义学习理论的应用具有深远的意义。计算机学科作为一门快速发展的学科，其知识更新速度之快、涉及领域之广，要求学习者必须具备强大的信息检索、筛选和整合能力。联通主义学习理论鼓励学生充分利用互联网资源、社交媒体和在线协作工具，这些工具不仅提供了海量的学习材料，还构建了一个跨越地理界限的全球学习社区。

在互联网资源方面，学生可以通过搜索引擎、在线课程、开源项目等途径，获取最新的计算机学科知识、技术动态和实践案例。这些资源不仅丰富了学生的知识面，还为他们提供了实践操作的素材和灵感。

社交媒体是学生学习交流的重要平台。通过参与专业论坛、技术社群、在线研讨会等活动，学生能够与全球范围内的同行建立联系，分享学习心得，交流技术难题，探讨行业动态。这种跨地域的交流合作，不仅拓宽了学生的视野，还提升了他们的团队协作能力和跨文化沟通能力。

在线协作工具则为学生提供了协同学习和工作的便捷途径。通过在线文档、项目管理软件、云存储等工具，学生可以组建虚拟团队，共同完成任务、分享资源、协作解决问题。这种协作模式不仅提高了学生的学习效率，还培养了学生的团队协作精神。

联通主义学习理论在计算机基础教育中的应用，不仅有助于学生建立广泛而深入的知识网络，还提升了他们的信息检索、筛选和整合能力，以及跨地域交流合作的能力。这些能力对于学生在未来的职业生涯中适应快速变化的计算机领域、实现个人价值具有重要意义。因此，联通主义学习理论为计算机基础教育提供了一个全新的视角和实践路径。

二、国内外计算机专业学科教育教学创新理论

在当今时代，国内外计算机专业学科教育教学创新理论对于推动计算机教学改革至关重要，为计算机教学改革提供了方向。

（一）CDIO 工程教育理念

CDIO 代表构思（Conceive）、设计（Design）、实现（Implement）和运作（Operate），这一理念在国内外计算机专业学科教育教学中被广泛应用，是一种强调工程教育与实践深度融合的先进教育理念。在计算机专业教学领域，CDIO 工程教育理念发挥着极其关键且不可替代的指导作用。

众多知名高校如麻省理工学院、斯坦福大学等，早已将 CDIO 工程教育理念融入计算机专业课程体系。通过让学生参与实际的大型计算机项目，如软件开发项目、计算机系统设计项目等，使学生在构思阶段充分发挥创新思维，提出独特的项目构思；在设计阶段运用扎实的专业知识进行系统架构设计；在实现阶段熟练掌握编程技能和工具，将设计转化为实际可用的软件或系统；在运作阶段了解项目的管理、维护和优化等方面的知识。这种教学模式极大地提升了学生的实践能力和解决复杂问题的能力。

在国内，许多高校也积极引入 CDIO 工程教育理念进行计算机专业学科教育教学改革。例如，清华大学、浙江大学等高校，通过项目驱动的教学方式，让学生在完成具体计算机项目的过程中，全面掌握计算机专业知识、技能。这种教学方式不仅有助于学生将所学理论知识灵活应用于实践中，还能有效提升他们的工程实践能力、团队协作能力和创新能力。同时，CDIO 工程教育理念还强调以学生为中心，注重培养学生的综合素质，使他们能够更好地适应社会对计算机专业人才的多样化需求，无论是在国内的互联网企业，还是在国际的科技公司，都能迅速融入工作环境并发挥重要作用。

（二）计算思维培养理论

计算思维是一种运用计算机学科的基本概念和方法进行问题求解、系统设计和人类行为理解的思维方式。在当今国内外计算机专业学科教育教学中，计算思维培养理论占据着重要地位。计算机教育不只是简单地传授计算机知识和技能，更核心的是培养学生的计算思维能力。

在国外，许多计算机教育研究机构和高校都高度重视计算思维能力的培养。它们通过设计多样化的课程和实践项目，如算法设计课程、人工智能项目等，让

学生在学习过程中培养抽象思维、逻辑思维、算法思维等能力。例如，在算法设计课程中，学生需要将实际问题抽象为数学模型，运用逻辑推理设计算法，这一过程极大地提升了学生的计算思维能力。

在国内，随着计算机专业学科教育教学的不断发展，人们对计算思维能力的重视程度也日益提高。各大高校纷纷在课程设置中增加相关内容，注重设计具有挑战性的学习任务和项目，使学生在解决问题的过程中提高自己的计算思维能力。同时，教师还应注重引导学生将计算思维应用于其他学科和领域中，培养他们的跨学科整合能力和创新思维能力。例如，在计算机与生物医学的交叉领域，学生运用计算思维对生物医学数据进行分析和处理，为生物医学研究提供新的思路和方法。

（三）赋能教育理念

赋能教育理念在国内外计算机专业学科教育教学中具有深远的意义和广泛的应用前景，它强调通过教育过程赋予学生自主学习、批判性思考、解决问题的能力，以及终身学习和自我发展的动力。

在国外，一些教育机构积极推行赋能教育理念。它们鼓励学生主动探索知识，为学生提供丰富的在线学习资源和实践平台，让学生能够根据自己的兴趣和需求进行自主学习。例如，在计算机编程课程中，学生可以通过在线编程平台进行实践操作，遇到问题时自主查阅资料、分析解决，培养自主学习能力。

在国内，赋能教育理念也逐渐得到认可和应用。在计算机专业学科教育教学中，教师注重培养学生的自主学习能力，鼓励学生主动学习，以掌握更多的专业知识。

第五节　国内外计算机基础教育及学科教育人才培养模型

在研究高等教育和高等职业教育的过程中，我们发现美国著名组织行为学者大卫·麦克利兰的能力模型理念，对于国内外计算机基础教育及学科教育人才培养模型的构建与完善具有重要的指导意义。

就国内外计算机基础教育人才培养模型而言，在当今教育背景下，其对于计算机基础教育的教学改革与人才培养有着关键作用。教育者能够从这些模型中吸收先进的教育理念，而对于计算机专业学科教育人才培养模型，同样需要不断地探索与完善。教育者借鉴能力模型理念，能够使专业学科教育更加注重学生实际能力的培养，从基础知识的掌握到专业技能的提升，再到综合素养的发展，形成一个全面且系统的培养体系。①

一、知识体系构建型培养模型

在当今教育背景下，国内外计算机基础教育和学科教育对于知识体系构建型培养模型都给予了高度重视，并将其视为人才培养的基石。该模型的核心在于对计算机基础知识进行系统且全面的传授，致力于为学生搭建一个稳固且完善的知识框架。

从知识的深度来看，该模型涵盖了计算机学科的基础原理，例如数据结构，它作为计算机学科的核心内容之一，教导学生如何高效地组织和存储数据，像数组、链表、树等数据结构的学习，能够让学生理解不同数据存储方式的特点和适用场景；算法分析则着重培养学生对算法的设计、分析和优化能力，通过对排序算法、查找算法等的学习，学生可以掌握如何评估算法的时间复杂度和空间复杂度，从而选择最合适的算法来解决实际问题。

在编程语言方面，该模型让学生不仅要掌握语法规则，更要理解编程范式。例如，在学习 Python 语言时，学生除了熟悉其基本语法，还会接触到面向对象编程、函数式编程等不同的编程范式，从而拓宽编程思维。

在基础教育阶段，为了让学生能够轻松入门，该模型常常会借助图形化编程工具，如 Scratch。Scratch 以其简单直观的操作界面和可视化的编程方式，让学生能够通过拖拽积木块的形式编写程序，初步了解编程逻辑和计算思维，激发学生对计算机学科的兴趣。

在学科教育阶段，该模型则更加深入和专业。以高校为例，其会深入讲解操作系统，让学生了解操作系统的原理、功能和架构，掌握进程管理、内存管理等关键知识；计算机网络课程则会介绍网络的基本概念、协议和体系结构，使学生对计算机系统的网络层面有全面的认识。

① 童绍波．高职院校“信息技术”课“双线混融”教学模式探索与实践[J]. 牡丹江大学学报，2024，33（6）：95-101.

二、实践能力导向型培养模型

实践能力导向型培养模型始终将让学生在实际操作中提升计算机技能作为核心目标，这一模型在国内外计算机教育体系中都占据着举足轻重的地位。

在基础教育阶段，为了让学生将所学的理论知识与实际应用相结合，该模型会精心安排一些简单且有趣的实践项目。比如制作电子小报，学生需要运用文字处理软件（如 Word）进行文字编辑、排版，插入图片、图表等元素，从而锻炼文字处理和信息整合能力；简单的网页设计项目则可以让学生初步接触 HTML、CSS 等网页设计语言，使其了解网页的基本结构和样式设置，增强学生的动手能力和对计算机工具的实际操作能力。

当进入学科教育阶段，实践的比重进一步加大，该模型主要以项目驱动的方式开展教学。国内外众多高校的计算机专业都设置了丰富多样的实践环节，其中课程设计和毕业设计是重要的组成部分。

在课程设计中，学生需要在规定的时间内，针对某一门课程的知识完成一个小型的项目。例如，在学习数据库课程后，学生可能需要设计一个小型的数据库管理系统，从需求分析、数据库设计到应用程序开发，全面运用所学知识，提高学生对数据库技术的综合应用能力。

毕业设计则是对学生大学阶段所学知识和技能的综合考查。学生需要独立或团队合作完成一个完整的项目，如开发一个小型的管理信息系统，涵盖系统的规划、设计、开发、测试等各个环节；或者实现特定的算法应用，如在人工智能领域实现一个图像识别算法，并进行优化和评估。

三、创新思维培育型培养模型

创新已经成为推动计算机领域进步的核心动力。在这样的大背景下，创新思维培育型培养模型在国内外计算机教育中越来越受到广泛的关注和高度的重视。

在基础教育阶段，该模型致力于为学生营造一个宽松、自由的学习环境，鼓励学生充分发挥想象力，大胆进行创意编程。例如，学生可以利用编程实现一些有趣的互动作品，如制作一个简单的电子宠物游戏，让宠物能够根据用户的操作产生不同的反应；或者开发一个互动故事程序，用户可以通过选择不同的情节选项来推进故事的发展。

该模型通过启发式教学和提出开放性问题，引导学生主动思考和探索，培养他们的探索精神和创新意识。例如，在编程教学中，教师可以提出一些具有挑战性的问题，如“如何提升一个游戏的运行速度”，让学生自主寻找解决方案，激发他们的创新思维。

当学生进入学科教育阶段，该模型引导高校和教育机构开设一系列创新实践课程和科研项目，积极引导学生关注计算机领域的前沿问题和研究热点。这些实践课程和科研项目为学生提供了一个广阔的平台，让他们能够深入研究自己感兴趣的领域，并尝试提出新的想法和解决方案。

例如，一些高校会组织学生参加各类计算机竞赛，如国际大学生程序设计竞赛，这是全球最具影响力的大学生程序设计竞赛之一，要求学生在规定的时间内解决一系列复杂的算法问题，极大地提升了学生的算法设计能力和创新思维能力；中国大学生计算机设计大赛则涵盖了软件应用与开发、数字媒体设计、微课与教学辅助等多个领域，鼓励学生将计算机技术与其他领域相结合，进行创新实践。通过参加这些竞赛，学生能够在与其他学生的竞争和交流中，不断激发自己的创新思维和竞争意识，提升自己的创新能力。

第六节　国内外计算机基础教育及学科教育教学改革创新研究与分析

教育者进行国内外计算机基础教育及学科教育教学改革创新研究与分析，是时代进步的必然要求。随着信息技术的迅猛发展，计算机教育已成为培养创新人才、推动社会进步的关键。国内外教育环境的差异、学生需求的多元化及技术更新的快速性，都促使我们必须对计算机基础教育及学科教育教学进行深入的研究与改革，而改革的关键在于创新。通过对比分析国内外先进的教育理念和教学方法，我们可以借鉴其成功经验，优化课程设置，提升教学质量。同时，针对当前教育存在的问题和挑战，教育者要提出切实可行的改革方案，以适应未来社会对计算机人才的需求。因此，教育者对国内外计算机基础教育及学科教育教学改革创新进行研究与分析，不仅有助于推动我国计算机教育的发展，还能为培养具有国际竞争力的计算机人才提供有力支持。

一、我国计算机基础教育及专业学科教育教学改革创新的必要性

在当今数字化快速发展、计算机技术广泛应用的时代背景下，我国高校计算机基础教育及专业学科教育教学的改革创新势在必行。当前存在的一些问题，表明改革创新的紧迫性和必要性。

（一）计算机基础教育及专业学科教育不能有效衔接

我国高校计算机基础教育往往侧重于让学生掌握一些基础的计算机操作技能和通用知识，例如办公软件的使用、计算机基础知识的普及等。然而，当学生进入专业学科教育阶段时，他们发现所学的基础知识难以与专业内容进行有效的融合与过渡。

在基础教育阶段，学生可能只是简单地了解了编程语言的基本语法，但对于如何运用编程语言解决专业领域的实际问题缺乏深入的认识。而专业学科教育则要求学生能够熟练运用计算机技术处理复杂的专业任务，如计算机专业的算法设计、软件开发等课程，对学生的编程能力和问题解决能力有较高的要求。由于基础教育与专业学科教育之间缺乏有效的衔接机制，导致学生在学习专业课程时感到困难重重，无法顺利地将基础知识转化为专业能力，影响了学生的学习效果和专业发展。

（二）计算机基础教育及专业学科教育存在“一刀切”现象

目前，我国高校计算机基础教育及专业学科教育课程设置普遍存在“一刀切”现象。在基础教育阶段，无论学生的基础水平和兴趣爱好如何，都采用相同的课程设置和教学内容。一些来自城市或在中学阶段已经掌握较多计算机知识的学生，可能会觉得课程内容过于简单、缺乏挑战性，从而降低学习的积极性；而一些来自农村或计算机基础薄弱的学生，则可能因为课程难度较大而难以跟上教学进度，从而产生学习压力和挫败感。

在专业学科教育中，也存在类似的情况。不同专业背景和职业规划的学生，被要求学习相同的计算机课程，缺乏针对性和个性化。例如，对于一些文科专业的学生而言，他们可能更需要掌握与本专业相关的计算机应用技能，如数据分析在社会科学研究中的应用等，而现有的课程设置可能无法满足他们的实际需求。这种“一刀切”的课程设置，无法充分发挥每个学生的潜力，也不能满足不同专业对计算机技能的多样化需求。

（三）计算机基础教育及专业学科教育和学生专业脱节

计算机基础教育及专业学科教育和学生所学的专业脱节是一个较为突出的问题。在基础教育阶段，计算机课程的教学内容往往是通用的、标准化的，没有充分考虑到不同专业的特点和需求。学生虽然学习了大量的计算机知识和技能，但在实际应用中却发现这些知识与自己的专业联系不紧密，无法将其有效地应用到专业学习和未来的职业发展中。

在专业学科教育中，虽然课程设置更加注重专业性，但仍然存在与专业实际需求脱节的情况。例如，一些工科专业的计算机课程，过于强调理论知识的传授，而忽视了与专业实践的结合，导致学生在学习过程中难以理解计算机技术在本专业中的实际应用价值。此外，随着行业的快速发展和技术的不断更新，课程内容不能及时反映行业的最新需求和发展趋势，使得学生所学的知识和技能与实际工作岗位的要求存在差距，影响了学生的就业和职业发展。

我国高校计算机基础教育及专业学科教育存在的这些问题，严重制约了学生的发展和教育质量的提升。为了培养出适应时代发展需求的高素质人才，推动计算机教育与专业的深度融合，教育者进行计算机基础教育及专业学科教育改革是十分必要且紧迫的。

二、国外计算机专业学科教育教学改革创新的借鉴

通过对国外计算机专业学科教育教学改革创新的深入调研，我们全面剖析并总结了几个极具价值、值得借鉴的特点，从中可以清晰地看到国外计算机专业学科教育教学改革创新的先进理念与实践成果。

首先，在教育理念层面，国外计算机专业学科教育理念展现出高度的精准性。对于非计算机专业的学生，计算机教育的重点并非局限于单纯的技术技能传授，而是侧重于培养学生的综合信息素养。这种教育理念旨在帮助学生全面、深入地理解信息技术的基本概念及其广泛应用，确保他们在未来的工作和生活中能够灵活且高效地运用计算机工具。通过这样的教育，学生不仅获得了理解计算机技术的能力，还能清晰地认识到计算机技术的局限性，从而在各自的行业领域中更加合理、有效地应用计算机技术，并且能够与计算机专业人员进行高效、顺畅的沟通协作，促进跨专业的交流与合作。

其次，计算机专业学科课程设置与学生专业的紧密融合，成为国外计算机专业学科教育教学改革创新的一个显著特点。在课程设计上，教育者充分考虑学生

所学专业的特点，从课程内容的精心编排到作业安排的针对性设计，均进行了量身定制。这种紧密结合的方式，打破了计算机知识的抽象性壁垒，使计算机真正成为学生在专业领域解决实际问题的有力工具。例如，在建筑学专业中，计算机专业学科课程会围绕建筑设计流程与需求展开。课程会详细讲解如何运用计算机辅助设计软件进行精确的建筑平面图、立面图和剖面图绘制，帮助学生高效地将设计构思转化为可视化图纸。同时，还会涉及建筑信息模型技术的应用，让学生通过计算机建立三维建筑模型，整合建筑的几何信息、材料信息、构造信息等，实现对建筑项目全生命周期的管理和优化。通过这些与建筑学专业紧密结合的计算机课程内容，学生能够深刻体会到计算机技术在建筑学领域从设计到分析再到管理的全方位应用，切实感受到计算机技术对于提升专业能力和解决实际问题的重要价值。

最后，国外计算机专业学科教育在体系结构设计方面表现出科学性、合理性。课程内容丰富多样且极具灵活性，同时具备很强的层次性。在教学过程中，教师巧妙平衡理论教学与实践教学的比重，让学生既能扎实掌握计算机专业理论知识，又能通过大量的实践操作将理论知识融会贯通，加强对知识的理解和应用能力。此外，学生还拥有根据自身兴趣和职业规划自主选择相关课程和学习内容的权利，真正实现了个性化学习。这种体系结构的灵活性和科学性，使得国外的计算机专业学科教育既能够覆盖广泛的知识领域，满足不同学生的基础需求，又能够精准契合每个学生的个性化发展需求，为学生未来的发展奠定坚实的基础。

国外计算机专业学科教育教学改革在教育理念、课程与专业结合、体系结构设计方面的成功经验，为我国计算机专业学科教育教学改革创新提供了宝贵的借鉴，有助于推动我国计算机教育不断优化和发展，以便培养出更多适应时代需求的高素质人才。

第二章 信息时代下计算机基础教育教学改革创新研究

计算机基础教育可以推动计算机知识的普及,促进计算机技术的推广与应用,为社会培养人才。因此，加强计算机基础教育，培养学生的计算机应用能力，已成为各个学校所关心的问题。

第一节 计算机基础教育教学改革创新研究的背景

随着信息技术的飞速进步，计算机已经成为现代社会中不可或缺的工具。特别是在高校教育中，计算机基础教育的质量和效果直接影响到学生的职业发展和社会适应能力。因此，高校教育中计算机基础教育的教学质量显得尤为重要。然而，传统的计算机基础教育往往过于侧重理论知识的传授，缺乏实践案例的应用，导致学生在毕业后面临不能将所学知识转化为实际工作能力的困境。

在这种背景下，高校进行计算机基础教育教学的改革创新变得尤为迫切。课程内容、教学方法及教学手段的改革创新，能够有效提高学生的实践能力和创新能力，帮助他们更好地适应社会的需求。改革创新不仅能够提升教学质量，还能够激发学生的学习兴趣。这不仅是为学生的个人发展铺路，也为国家的信息化建设提供了坚实的人才基础。

因此，计算机基础教育教学的改革创新不仅符合教育发展的趋势，更是时代赋予高校的责任和使命。通过不断地探索和实践，计算机基础教育教学内容将焕发新的活力，为培养具有创新精神和实践能力的计算机专业人才奠定基础，这些人才将为社会的进步与发展作出更大的贡献。

一、计算机的特点及应用

计算机的出现并非一蹴而就，它历经漫长岁月，伴随着技术革新与理论突破逐渐演变而来。它的诞生标志着人类智慧在探索信息处理和自动化计算领域中的逐步累积，是无数先驱者不懈努力与智慧的结晶。从最初的简单机械计算装置，到后来的电子管、晶体管乃至集成电路的相继问世，每一次技术上的飞跃都是对人类计算能力边界的勇敢拓展。这一过程不仅体现了技术进步的量变，更是在积累到一定程度后，实现了从传统手动计算到现代高速电子计算的质变。这一飞跃不仅极大地提高了数据处理的速度和效率，更为科学研究、工程设计、商业管理乃至日常生活的方方面面带来了前所未有的变革，深刻地影响了人类社会的发展进程。

（一）计算机的特点

计算机作为人类迄今为止发明的最智能和精密的设备之一，其凭借在各个领域的广泛应用，已经成为现代社会的重要组成部分。它不仅是一种工具，更是推动科技进步、经济发展和社会变革的关键力量。计算机拥有众多显著的特点，这些特点共同构筑了其在众多领域中展现出的无可比拟的优势。

1. 运算速度快

计算机的运算速度是其最为重要的性能指标之一。计算机的运算速度通常以每秒能够执行的定点加法次数或指令条数来衡量。从早期计算机每秒仅能完成5000次加法，到现代微型计算机每秒执行数十万条指令，再到巨型计算机能达到每秒数千亿次甚至万亿次的运算速度，计算机技术的不断发展使得其运算能力大幅提升。这种超快的运算速度大大提高了工作效率，解放了人类的脑力劳动，许多过去需要数年甚至一生才能完成的计算，现在可以在“瞬间”得到解决。例如，天气预报需要分析大量的气象数据，人工完成这样的计算几乎是不可能的，而超级计算机只需十几分钟便可完成。

2. 计算精度高

科学研究和工程设计往往要求极高的计算精度。传统的计算工具通常只能达到几位有效数字的精度，而计算机通过采用二进制编码表示数据，其精度取决于二进制位数。借助软件设计可以实现较高精度的计算，通常能达到十几位甚至几十位有效数字的精度。

3. 存储容量大

计算机的存储器类似于人类的大脑，能够存储大量的数据和计算程序。这一“记忆”功能使得计算机在执行任务时不仅能保存实时计算结果，还能存储中间结果，以便后续使用。随着技术的进步，计算机的存储容量也在不断增加，最大存储容量已经突破千亿字节。

4. 具有逻辑判断功能

计算机的核心优势之一是其强大的逻辑判断能力。与人类通过思维进行判断类似，计算机通过逻辑运算进行判断，并根据结果自动决定下一步的操作。计算机不仅能够进行基本的算术运算，还具备进行复杂逻辑判断和比较的能力。

5. 可靠性高

随着微电子技术和计算机技术的发展，现代计算机的可靠性已达到极高水平。许多现代计算机可以连续运行数十万小时而不发生故障，表现出强大的稳定性和可靠性。例如，安装在宇宙飞船上的计算机能够在几年内稳定运行。相较于人类容易因疲劳或情绪波动出错，计算机通过程序化的执行方式，能够准确无误地处理各种任务。

6. 自动化程度高，通用性强

计算机的自动化特点使其能够根据预先设定的程序和数据，自动完成计算任务，几乎无须人工干预。这种高自动化程度使得计算机在许多领域的应用变得高效且便捷。与此同时，计算机的通用性也是其突出优势之一，它不仅可以用于科学计算，还可以用于数据处理、过程控制、计算机辅助工程、办公自动化、数据通信等多个领域，广泛解决各种自然科学和社会科学中的问题。计算机的这种通用性和适应性，使其在现代社会中具有无可比拟的地位。

（二）计算机的应用

计算机的应用已经深刻渗透到社会的各个领域，正在不断推动人类的工作、学习和生活方式的转变，促进了社会的整体发展。以下是计算机在一些主要领域中的应用。

1. 科学计算

科学计算利用计算机处理复杂的数学问题，是计算机应用的一个重要领域。现代科技发展中的许多复杂问题都需要依靠科学计算来解决。计算机的高速运算、大存储容量和持续运算能力，使得许多无法通过人工手段解决的科学计算问题得以解决。例如，建筑设计中的复杂力学方程求解，以及通过计算机实现弹性理论的突破，推动了“有限单元法”的发展。

2. 数据处理

数据处理是对各种信息进行收集、存储、整理、分类、统计、加工、传播等一系列活动的总称。数据可以是数字、字母、符号等各种形式，通过物理介质传输和存储。数据处理经历了从简单到复杂的四个发展阶段。

电子数据处理：通过文件系统实现单项管理。

管理信息系统：通过数据库技术实现一个部门的全面管理，提升工作效率。

决策支持系统：通过数据库、模型库等工具帮助管理者提高决策水平，确保运营策略的有效性。

专家系统：结合人工智能技术模拟专家的思维过程，为特定领域问题提供解决方案。

3. 过程控制

过程控制（又称自动控制或实时控制）广泛应用于工业、农业、国防等多个领域。计算机通过精确的控制系统，能够实时监控和调节生产过程。例如，在防空系统中，雷达与导弹发射器需要计算机进行精准控制；在汽车工业口，计算机控制的机床和自动化装配线实现了高精度和复杂零件的自动化加工，使整个生产车间甚至工厂实现自动化。

4. 计算机辅助工程

计算机辅助工程是一个快速发展的应用领域，包括以下两个方面。

计算机辅助制造：使用计算机进行生产设备的管理和生产过程的控制，提高生产效率。

计算机辅助教学：利用计算机模拟难以展示的物理现象或工作过程，通过互动式教学提高学习效率。

5. 办公自动化

办公自动化指的是通过计算机技术帮助办公室人员完成日常工作，包括文字处理、文档管理、资料处理、图像和声音的处理等。办公自动化不仅是信息处理的一部分，还成为现代企业和机构不可或缺的工作工具，极大是高了办公效率。

6. 数据通信

数据通信技术从20世纪开始飞速发展，彻底改变了人们的信息交换方式，带领人们进入了全天候、全双工的通信时代。随着计算机网络技术的进步，数据通信被广泛应用于世界各地，成为经济和科技发展的关键推动力。多媒体技术的发展，推动了从文字到音频、视频和图像的全面通信。互联网的普及使得在线会议、医疗、理财和商业等活动逐渐成为日常生活的一部分。通过宽带技术的应用，数据通信进入了一个新的高速发展阶段，信息高速公路的建设正在进一步改变人们的生活方式。

二、基于信息背景下的计算思维与计算机基础教育教学

计算思维是当前国内外计算机科学界、哲学界、教育学界普遍关心的重要课题，计算思维的研究和发展对我国的计算机教育有重要的意义。党的二十大报告强调坚持教育优先发展。这就要求培养新一代“专业信息”的产业大军。其中，信息技术的核心之一是计算机技术，而计算机基础课程作为计算机教育的载体，主动适应社会发展的需要是计算机教育教学的主要方向。因此，当前计算机教育教学的重点应该是进一步加强计算机基础课程的建设，以及确定计算机基础课程教学发展的方向。

计算机基础教育教学改革创新具有重要意义，主要体现在以下几个方面。

（一）适应信息技术的快速发展

在当下数字化与信息化深度融合的背景下，信息技术宛如一辆高速行驶的列车，以令人惊叹的速度奔腾向前，这无疑成为推动计算机技术快速更新换代的强大引擎。云计算技术的兴起，让计算资源得以通过网络实现便捷的按需分配，企业与个人无须再为构建庞大的本地计算设施而耗费巨额成本，众多大型云服务提供商如亚马逊云科技、阿里云等，凭借先进的云计算架构，支撑着全球海量用户的计算需求。大数据技术则致力于对规模庞大、类型繁杂的数据进行高效存储、处理与分析，从互联网企业对用户行为数据的深度挖掘以实现精准营销，到医疗领域借助大数据分析辅助疾病诊断，其应用范围不断拓宽。人工智能技术更是大放异彩，从图像识别、语音识别到自然语言处理，广泛应用于智能安防、智能家居、智能客服等诸多场景中，改变着人们的生活与工作方式。

因此，对计算机基础教育教学进行改革创新已成为当务之急。改革后的课程应紧密贴合时代脉搏，确保课程内容与时俱进，全面覆盖最新的技术与应用。在

云计算课程中，学生将深入学习云平台架构搭建、云服务配置与管理等内容；大数据课程会涉及数据采集、清洗、分析，以及大数据处理框架的实战应用；人工智能课程则着重培养学生对机器学习算法的理解与实践，以及利用深度学习框架开发智能应用的能力。这样的课程改革能够帮助学生掌握计算机技能，为他们未来的职业发展和技术创新打下坚实的基础。

（二）满足社会对人才的需求

随着社会各行业信息化程度的不断提升，计算机技术已经深度渗透并融入各行业之中，成为推动各行业发展的重要驱动力。无论是金融领域的智能风控、医疗行业的精准医疗、教育领域的在线教育平台，还是制造业的智能制造、物联网应用，行业的数字化转型都离不开具备扎实计算机应用能力的人才。这些人才不仅需要掌握计算机基础理论知识和操作技能，更需要具备将计算机技术与其他领域知识相结合的能力，以及运用计算机技术解决实际问题的能力。

面对社会对高素质计算机人才需求的变化，计算机基础教育教学改革创新显得尤为重要。传统的计算机基础教育往往侧重于理论知识的传授和单一操作技能的训练，难以满足当前社会对综合性、创新性计算机人才的需求。因此，计算机基础教育教学改革创新的目标就是，培养既具备扎实的计算机理论基础，又能够综合运用计算机技术，具备创新思维和解决实际问题能力的专业人才。

在改革创新的过程中，计算机基础教育需要注重理论与实践的结合，通过项目实践、案例分析等方式，提升学生的实际操作能力和问题解决能力。同时，还需要注重跨学科知识的融合与渗透，鼓励学生将计算机技术与数学、物理、生物等学科相结合，拓宽知识视野，培养创新思维。

此外，计算机基础教育教学改革创新还需要关注行业的发展趋势和前沿技术，及时将最新的技术知识和应用案例引入课程教学中，确保学生掌握最新的技术动态和应用趋势。高校可通过与企业合作、开展实习实训等方式，提升学生的实践能力和职业素养，为其未来的职业发展和技术创新打下坚实的基础。

总之，计算机基础教育教学改革创新是应对社会对高素质计算机人才需求变化的有效举措。通过加强理论与实践的结合、跨学科知识的融合与渗透、关注行业发展趋势和前沿技术等方式，高校可以培养既具备扎实的计算机理论基础，又能够综合运用计算机技术，具备创新思维和解决实际问题能力的专业人才，为社会的数字化转型和创新发展提供有力支撑。

（三）提升教育质量和教学效果

传统的计算机基础教育确实存在一系列问题，这些问题如同一道道障碍，严重影响了教学质量和学生的学习兴趣。具体来说，教学内容往往过于理论化，缺乏生动性和趣味性，导致学生感到枯燥无味；教学方法比较单一，过度依赖讲授和灌输，忽视了学生的主体地位和个体差异；实践环节缺乏或不够深入，使得学生难以将所学知识应用于实际情境中，影响了他们的动手能力和问题解决能力的提升。

尤其对计算机这种技术性强、实践性高的学科来说，传统的教学方式已经远远不能满足学生的需求。计算机技术的快速发展和应用领域的不断拓展，要求学生不仅要掌握扎实的理论基础，更要具备将理论知识转化为实际应用的能力。然而，传统的计算机基础教育往往忽视了这一点，导致学生所学知识与实际需求脱节，使学生难以适应未来职业发展的需求。

因此，计算机基础教育教学改革创新就是要从根本上改变这种状况，打破传统教学的束缚，引入新的教学理念和方法。通过丰富教学资源，如引入最新的技术案例、行业应用实例等，可以激发学生的学习兴趣，使他们在学习中保持高度的积极性和主动性。同时，高校应加强实践教学环节，如设置实验课程、项目实践、校企合作等，让学生亲身体验计算机技术的应用过程，提高他们的动手能力和问题解决能力。

此外，计算机基础教育教学改革创新还需要注重培养学生的创新思维。在计算机领域，创新思维是推动技术发展和应用创新的关键。因此，在教学过程中，教师应鼓励学生勇于尝试、敢于创新，通过引导学生参与科研项目、参加创新竞赛等方式，激发他们的创新潜能和创造力。

（四）促进计算机学科的发展和完善

计算机学科是一个不断发展和完善的学科，新技术、新理论和新方法层出不穷。计算机基础教育教学的改革创新不仅能帮助学生掌握当下的技术和应用，还有助于计算机学科的发展和完善。通过改革创新可以将计算机学科最新的研究成果和技术应用融入计算机基础教育教学中，推动计算机学科的深入发展。此外，计算机基础教育教学改革创新能够促进计算机学科与其他学科的交叉融合，为计算机学科的系统性和完整性提供保障，推动计算机学科与其他学科之间的协同发展。

第二节　计算机基础教育教学改革创新研究综述

对计算机基础教育教学改革创新的研究表明，改革创新的核心在于提升课程的实用性和前瞻性，尤其是在当前计算机技术日新月异的背景下。传统的教学模式已无法满足现代社会对计算机专业人才的需求，因此，计算机基础教育教学改革创新显得尤为迫切。改革创新的方向主要集中在以下几个方面：一是注重知识的综合运用，帮助学生更好地将理论与实际相结合；二是积极引导学生发展创新思维，培养他们解决实际问题的能力；三是需要解决课程内容的稳定性与学科发展的变化性之间的矛盾，确保课程内容既能与时俱进，又不失基础的严谨性。这些改革创新的最终目标是培养能够适应社会发展需求、具备高素质的计算机专业人才，为各行各业的发展提供强有力的支持。

一、关于计算思维基础理论的研究

对计算思维的科学定义是开展相关研究的前提和基础。在学术界，有学者将计算思维定义为“思维过程或功能的计算模拟方法论”，强调以计算为主体，利用计算模拟人类思维，从而赋予计算一定的思维特征。另一部分学者则认为，计算思维应在具体的课程教学中加以培养，他们将其视为抽象思维能力、形式化描述与逻辑思维方法的综合，强调思维本身是核心，而如何使其具备计算特征是关键。这两种观点虽然分别从计算科学和思维科学两个不同角度探讨了计算与思维的结合，但都具有一定的片面性与局限性。

更被广泛接受的计算思维的定义是，它是运用计算机学科的基本概念来解决问题、设计系统和理解人类行为的思维过程。这个定义涵盖了计算机学科的一系列思维活动，具体包括通过约简、转化、嵌入和仿真等方法，将复杂问题转化为易于解决的任务；运用递归性思维进行并行处理，能够将数据转换为代码，也能将代码转换为数据；基于关注点分离的原则，通过抽象和分解来有效设计复杂系统；在最坏的情况下，利用保护、预防、纠错、容错等手段实现系统恢复；利用启发式推理在不确定情境中进行规划、学习和调度；借助海量数据提高计算速度，在时间、空间、处理能力和存储容量之间寻找平衡。

在计算思维与计算机方法论之间的关系研究中，人们发现两者与数学思维与数学方法论之间的关系有很多相似之处。计算思维从思维科学的角度研究计算机学科的核心问题与思维方法，而计算机方法论则从方法论角度出发，探讨计算机学科的基本问题与学科形态。尽管如此，这两者是相辅相成、互相促进的。董荣胜从计算机方法论的角度提出了计算思维的新定义：计算思维是运用计算机学科的思想与方法去解决问题、设计系统和理解人类行为的思维活动，涵盖了计算机学科的广泛领域。这一新定义为计算思维的研究提供了更加深入和系统的框架[①]。这种定义的不足之处是没有站在思维科学的高度去认识计算思维。

自然科学领域的三大科学方法——理论方法、实验方法和计算方法，在实际应用中不仅包含操作方法，还涉及思想方法。若将思想方法视作思维方法，则理论方法、实验方法和计算方法分别对应着理论思维、实验思维和计算思维。尽管这种将思想方法等同于思维方法的假设在学术界存在争议，且很多学者对计算方法是否应归类为科学方法之一仍持怀疑态度，但这一观点在一定程度上为理解各类科学方法提供了一个思维框架，仍值得进一步探讨。

然而，关于计算思维原理的研究仍相对较少，且深度不足。现有的研究文献大多仅对计算思维原理做了简单概述，缺乏系统性和深入性。目前已知的计算思维原理主要包括计算设计性原理、可计算性理论和形理算一体化原理。计算设计性原理是指通过将硬件（物理元件）与软件（算法）相结合的方式来解决特定问题。这一原理的经典应用例子便是电子计算机的发明与发展。可计算性理论则围绕图灵机展开，认为图灵机能够计算的函数，即为可计算函数，并且能够通过计算机实现；而图灵机无法计算的函数，则称为不可计算函数，即使使用大型计算机也无法得出结果。形理算一体化原理则是在相关理论的指导下，运用数学工具与计算方法来求解具体问题，从而发现其中的规律。该原理强调从物理数据或机制出发，寻找解决问题的合适工具与方法。

尽管现有研究大多侧重从计算角度总结计算思维原理，但相较于其他科学方法，计算思维作为一种思维科学，其原理研究更应遵循思维科学的指导。当前的研究大多忽视了这一层面，缺乏思维科学的支撑，导致计算思维的原理研究显得不够全面和科学。人们应考虑到计算思维不仅涉及技术性问题，还涵盖深层次的认知与思维方式，因此，若不从思维科学的角度进行深入探讨，相关研究将不可避免地显得片面且不完整。

---

① 河南省职业技术教育教学研究室．计算机网络技术 [M]. 北京：电子工业出版社，2008.

二、关于计算思维培养的研究

关于计算思维培养的研究具有重要意义，因为它能提升学生的解决问题能力、逻辑推理能力和创新能力，促进跨学科合作与创新，为学生未来的职业发展奠定坚实的基础，并推动教育教学改革创新，以适应信息化社会对人才的需求。

（一）计算思维在计算机基础教学中的研究

2009 年，教育部高等学校计算机基础课程教学指导委员会明确提出，大学计算机基础教学应着重培养学生在多个方面的能力。这些能力包括计算机学科的认知能力、解决实际问题的能力、在网络环境中的协同合作能力，以及在信息科技社会中终身学习的能力。计算机基础课程设计不仅要强化学生的基础知识和基本应用技能，还应注重培养学生使用计算机分析和解决问题的思维方式，帮助学生理解计算机如何在解决问题时体现出科学思维模式，从而不断提高学生的实践能力和创新能力。

在传统的大学计算机基础教学中，计算思维通常是潜在的，需要学生通过自身努力去领悟。然而，现代教学理念强调将计算思维显性化，直接呈现给学生，以便他们能够有针对性地学习和掌握。计算思维的培养应通过能力的提升来实现，计算思维本身通常是内隐的，而计算思维能力则可以通过学生的行为和活动表现出来。因此，建立一种表达计算思维的体系，将其融入理论知识点和应用技能点之中，成为推动学生能力发展的核心。这种体系以能力标准为核心，作为计算思维在课程中的体现形式，能够有效推动学生计算思维品质的提升，从而帮助学生掌握计算思维的方法与思想。

有学者提出了关于计算思维培养的具体看法。首先，计算思维的培养应聚焦于学生在处理知识体系、操作工具及解决问题策略方面的抽象与加工能力。其次，能力标准应作为培养过程的执行依据，具有一定的指向性和目标性，这些能力标准应涵盖三个关键维度：知识的重组与结构化，技术的控制与操作，问题解决策略。最后，这种基于抽象的能力不只局限于知识获取的层面，而应发展为一种方法论思维，并将其有效应用到学生的专业学科领域中。这一过程将推动学生把计算思维转化为实际的学术能力和职业技能。

（二）计算思维能力培训方面的调查

根据对 120 名来自多个具有代表性的学校的学生进行问卷调查，调查内容涉及学生是否接受过计算思维训练。结果显示，只有 26 人（占 21.67%）表示自己接受过计算思维训练，23 人（占 19.17%）表示不确定，而多达 71 人（占 59.16%）表示没有接受过此类训练。这些数据表明，目前在学校教育中，针对计算思维的专门性培养还很不足，教育者必须足够重视，尽快加强计算思维能力的培养。

进一步的调查显示，学生所在的学校是否开设计算思维训练课程的情况也反映了相似的问题。只有 36 人（占 30%）表示学校开设了相关课程，37 人（占 30.83%）表示不清楚，而 47 人（占 39.17%）表示没有此类课程。从这些数据可以看出，目前大部分学校并未积极开展计算思维能力的培养，教育资源和课程设置存在明显的不足。

在关于学校是否具备完整的计算思维课程体系的调查中，17 人（占 14.17%）认为学校具备完整的计算思维课程体系，49 人（占 40.83%）认为课程体系一般，54 人（占 45%）则表示不了解。从这些数据可以推测，大多数学校在计算思维课程体系的建设上存在严重缺失，未能形成一套明确且完善的教学体系。

综合以上调查结果不难发现，各高校在计算思维能力培养方面的体系建设普遍薄弱，许多学生对此表示缺乏了解或意识不到其重要性。为此，高校应加大力度，在学科建设中加强计算思维能力的培养，建立和完善相关课程体系，确保学生能够在早期就接触和掌握计算思维，进而提高他们的整体创新能力和问题解决能力。这不仅是教育质量的提升，也是对学生未来职业发展和社会适应力的重要投资。

三、关于计算思维能力与计算机基础课程建设的研究

高校构建以计算思维为核心的计算机基础课程体系，是有效培养学生计算思维能力的关键。2008 年，美国计算机协会在其关于计算机学科教学大纲的中期审查报告中明确提出，计算导论课程应与计算思维紧密结合，并涵盖与计算思维本质相关的教学内容。这一观点为全球计算机教育的发展提供了重要启示。相较之下，当前我国许多高校仍将计算机文化基础或计算机基础等课程作为计算机基础课程，这类课程明显难以满足当今社会对学生计算思维能力培养的迫切需求。对此，已有学者尝试构建以计算思维为核心的计算机基础课程体系，涵盖了计算思维的基础知识、计算理论、算法基础、程序设计语言、编程基础、计算机基础硬件、计算机基础软件等内容，并对课程的地位、性质、任务及基本要求进行了详细阐述。同时，有部分高校开始实践这一理念，如上海交通大学和南方科技大

学开设了全新的计算机基础课程，侧重计算思维的培养。

然而，计算思维能力的培养并非短期可以通过一两门课程完成的，而是一个长期且潜移默化的过程，需要在系统的学习过程中逐步积累。因此，有学者提倡高校构建全新的计算机基础课程体系，以更好地服务计算思维能力的培养。这一课程体系的核心内容包括计算思维能力、计算机基本技能及素养的培养，具体包括计算机通识教育必修、核心、选修三个层次的课程，旨在打造一个包含“知识—技能—能力”的培养链条。

为此，高校应从人才培养需求出发，改革创新现有的课程体系，构建一个注重工程能力、应用能力与研究能力的计算机基础课程体系。计算思维的培养应贯穿于整个课程体系，体现在计算机基础课程的教学内容、教学方法与模式及教学管理中。

四、关于计算思维在教学中的应用研究

尽管目前计算思维尚未形成系统的学科体系，但已经有越来越多的人意识到，计算思维将成为信息时代每个人必备的基本素质。在此背景下，众多计算机教育者已经开始在教学实践中注重学生计算思维能力的培养。同时，计算思维在不同学科的推广与应用也在逐步展开，成为提升跨学科能力的重要工具。

在计算思维如何在教学中有效应用的问题上，我国学者也进行了积极探索，并形成了独特的观点。例如，在软件工程课程的教学中，计算思维中的“关注点分离”方法被认为是解决多方面问题的有效方法，尤其是在算法与软件设计、软件项目管理和开发过程中，能够帮助学生解决复杂问题。因此，“关注点分离”被视为计算思维的核心原则之一。在离散数学课程中，教师可以引导学生利用计算思维解决诸如递归与等价关系数目的求解、模型与数理逻辑的应用，以及等价关系的证明等问题。这样不仅能够让学生掌握数学的抽象思维，还能够提升他们的计算思维能力。

此外，在图像处理课程中，根据教学实践和实际人才需求，学者们开始探讨如何将计算思维更好地融入实践教学、教学内容和教学方法的设计中，旨在提高学生解决实际问题的能力。在程序设计课程中，采用“轻游戏”学习模型与教学模式，不仅能提升课堂教学效果，还能有效提升学生的计算思维能力。

五、关于计算思维能力培养策略与途径的相关研究

为了深入推进我国高校以“计算思维能力培养”为核心的计算机教学改革，

除了全面理解和掌握计算思维的本质和内涵，我们还应积极探索行之有效的培养途径，帮助学生将计算思维灵活地运用到实际问题解决中。“计算思维能力培养”的核心在于转变教育观念，将计算思维有意识地融入教学内容、教学方法和教学手段中，并贯穿整个课堂教学的过程。这种渗透式的教学方式能够潜移默化地帮助学生形成基本的计算机文化素养，提升他们的学习能力、思维能力及研究能力。

在计算机基础教学中，高校要突出对学生计算思维意识的培养，尤其是要引导学生认识到计算思维在各类专业实践活动中的重要性。为此，高校可以通过开展实验教学、整合教学资源平台、实施有效的考核形式和评定方法等手段，逐步提升学生运用计算思维解决问题的能力。通过这些途径，学生不仅能掌握计算机的基本知识和技能，更能在实际操作中培养和提升自己的计算思维。

有学者提出，计算思维能力的培养应当聚焦于课堂教学。在教学过程中，高校要逐步提高学生的计算思维水平，重点设计一些环节，结合计算机的基本概念、计算机技能的培养和计算思维的训练，从而在课堂中实现三者的融合。同时，高校要设计实验和实践环节，为学生提供实践机会，使他们能够将理论与实际相结合，进一步巩固和提升其计算思维能力。

尽管我国高校在“计算思维能力培养”为核心的计算机基础教学模式和方法的探索与研究上已取得一些进展，并形成了许多具有特色的研究成果，但这些成果大多是基于各自学校的具体情况提出的，应用范围相对较小，示范性和辐射作用有限。目前，还未形成一种能够在全国高校推广的普适模式。

第三节　计算机基础教育教学改革创新研究的内容

随着信息技术的迅猛发展，计算机基础教育教学已经成为培养学生信息素养和创新能力的核心环节。计算机基础教育教学改革创新研究旨在优化课程内容、创新教学方法、强化实践操作，以更好地满足社会对计算机人才日益增长的需求。

计算机基础教育教学改革创新，不仅能够显著提升学生的计算机技能和应用能力，还能够激发他们的学习兴趣，培养创新精神。这不仅为学生未来的职业生涯奠定了坚实的基础，也为他们进入信息技术领域提供了必备的知识和技能。总之，计算机基础教育教学改革创新不仅是提升学生个人能力的关键，更为培养具有综合素质的高端人才提供了重要支持，对于整个社会的科技进步和人才发展具有深远意义。

一、相关问题的提出

目前，根据学习者对计算思维认识的整体情况，人们需要立足于当前高校计算机基础教育的教学现状，重点关注计算思维方法和计算思维能力的培养。高校通过实施基于计算思维方法的教学，系统地探索在计算机基础教育中培养计算思维能力的有效教学模式和学习模式，旨在为创新型人才的培养提供支持，提升学生的综合能力。通过将思维训练融入计算机基础教育教学的各个环节中，能够促进学生计算机知识和思维能力的共同提高，彼此相互促进，达到综合素质全面提升的目标。构建基于计算思维方法的教学模式和学习模式，教师在实施课程教学的过程中，不仅要传授计算机知识，更要着重培养学生的计算思维能力。这一过程主要涉及两个关键问题：一是如何通过多种教学模式的创新，培养学生的计算思维能力；二是如何通过在计算机基础教育教学中深入实施计算思维的培养，推动计算机基础教育教学的改革。

（一）计算思维相关理论基础的建立

计算思维作为一个相对较新的概念，自其提出以来，虽然已经在教育和技术领域引起了广泛的关注，但其相关的理论基础、学科体系及具体的教学方法等都还处于一个不断探索和完善的过程中。目前，对于计算思维的定义、内涵、外延及其在不同学科中的应用方式等都尚未形成统一且系统的描述和准确的界定。

鉴于这种情况，我们有必要对计算思维的思维学科基础进行深入的研究。这包括探讨计算思维与逻辑思维、创新思维、批判性思维等其他思维模式之间的关系，以及计算思维在认知科学、心理学、教育学等学科中的理论基础。通过这样的研究，我们可以更好地理解计算思维的本质和特性，为其在教学中的应用提供坚实的理论支撑。

同时，我们还需要对计算思维的教学理念及其在国内外的发展现状进行细致的分析。这包括研究计算思维在不同教育阶段、不同学科领域中的具体应用案例，以及国内外学者在计算思维教学方面的研究成果和实践经验。通过这样的分析，我们可以了解计算思维教学的优点和不足，为进一步的改革创新提供有益的参考。

此外，探讨计算思维在教学中的影响和其发展的地位也是非常重要的。我们需要研究计算思维如何影响学生的学习方式、思维方式和问题解决能力，以及计算思维在培养学生创新精神和实践能力方面的作用。我们还需要明确计算思维在教育领域中的重要地位，以及它在推动教育改革创新、提升教育质量等方面的意义。

最后，为了推动计算思维在教学中的广泛应用，我们还需要为其奠定坚实的理论基础。这包括构建计算思维的学科体系，明确其在教学中的目标和要求，以及开发适合不同学科、不同年龄段学生的计算思维教学方法和评估体系。通过这样的努力，我们可以为计算思维在教学中的广泛应用提供有力的支持和保障。

综上所述，深入研究计算思维的思维学科基础、分析计算思维的教学理念及其在国内外的发展现状、探讨计算思维在教学中的影响和其发展的地位、明确计算思维在教育领域的重要性，并为其在教学中的广泛应用奠定理论基础，是推动计算思维发展的关键所在。

（二）教学模式的设计基础

在计算机基础教育教学中，基于计算思维原则构建全新的教学模式并设计适配实践教学的学习模式，已成为顺应信息时代发展、提升教学质量的关键之举。

教学模式的设计应紧密围绕明确的教学目标展开。计算思维涵盖诸多方法，如问题分解、算法设计、抽象建模等。教师需将这些方法巧妙地贯穿于课程教学的每个环节中。在课程导入阶段，通过展示实际生活中的复杂问题，引导学生运用问题分解的方法，将大问题拆解为多个易于理解和处理的小问题，逐步培养学生化繁为简的思维习惯。在知识讲解环节，融入算法设计的思维方式，以编程课程为例，详细阐述如何根据问题需求设计高效的算法逻辑，让学生明白算法是解决问题的核心。在实践操作环节，着重培养学生的抽象建模能力，比如在数据库课程中，引导学生将现实中的业务场景抽象为数据库模型，包括实体关系的构建等。

通过这样的教学模式，教师能够有效地引导学生运用计算思维进行问题分析与解决。在面对复杂的计算机任务时，学生不再茫然无措，而是能够有条不紊地运用所学的计算思维方法对问题进行梳理、分析，进而找到切实可行的解决方案。在此过程中，学生的计算思维能力得到了充分锻炼与提升，从最初的生疏运用到逐渐熟练掌握，直至能够灵活运用计算思维去解决各类新问题。如此一来，不仅确保了教学目标的顺利达成，让学生真正掌握计算机专业知识与技能，更有力地推动了计算思维在计算机教学领域的全面应用，为学生未来在计算机行业的深入发展奠定坚实的思维基础，使其能够更好地适应信息时代下计算机技术快速发展的需求 。

（三）教与学模式的构建基础

在构建全新教与学模式的过程中，从多维度深入探讨计算思维支持下的课堂教学新方法显得尤为关键。计算思维作为计算机学科的核心素养，对革新教学模式具有深远意义。基于研究问题所构建的教学模式，将成为稳固教学框架的基石。在计算机课程领域，积极探索如何巧妙运用计算思维方法开展教学与学习活动，已然成为教育者的重要使命。

教师在教学过程中，应充分发挥计算思维的引导作用。以程序设计课程为例，教师可借助问题分解的计算思维方法，将复杂的编程任务拆解成一个个清晰的子任务。在讲解算法设计时，引导学生从实际问题出发，运用抽象思维提取关键信息，构建算法模型，再通过逐步细化的方式将算法转化为可执行代码。通过这种方式，教师能够将原本晦涩难懂的知识以易于学生理解和接受的方式呈现出来，让教学过程更具逻辑性与条理性。

学生则需通过计算思维实现问题的有效解决。当面对一个具体的计算机问题时，学生首先运用计算思维中的问题分析方法，理清问题的本质与需求。例如在数据库课程中，学生要对现实业务场景进行深入分析，抽象出合理的实体关系模型。在编程实践中，依据算法设计的思维，编写代码实现功能，并通过调试优化代码，最终解决问题。在这一过程中，学生的计算思维能力得到锻炼与提升，学习的积极性也被充分调动起来。

如此一来，教与学模式形成了紧密的衔接与相互促进的良性循环。教师运用计算方法教学，能够显著提升教学质量，将知识讲解得更加透彻、生动；学生在计算思维引导下积极学习，学习效果得到有力保障。这种相互作用最终形成一套完整且高效的培养计算思维能力的教育教学体系，为培育适应信息时代需求的计算机专业人才筑牢根基。

二、相关研究内容

为了有效应对当前计算机基础教育教学中计算思维能力培养面临的严峻挑战，同时紧密结合国内外教育发展形势与计算机行业趋势，积极探索基于计算思维的教学模式和学习模式势在必行。学者经过深入调研与分析，确定了以下几个主要研究方向。

（一）计算思维发展情况分析

计算思维作为一种思维科学，目前还处于探索阶段，尚未形成一个完整、准确的理论体系。对此，我们有必要深入梳理国内外计算思维的研究现状，分析其在全球范围内的发展历程、主要理论和应用实践。同时，我们应探讨当前思维科学的培养观念及其在教育领域中的应用前景，为计算思维在教学中的可行性和基础研究提供支持。

（二）教学模式的设计

为实现基于计算思维的教学改革，我们需要在计算机基础教育中设计符合该思维模式的教学模式和学习模式。这一模式应帮助学生扎实掌握计算机学科的基本概念，并通过这些概念进行问题求解与系统设计。该模式的核心是通过形式化增量的方式，直观地展示学生在学习过程中能力的提高和培养效果，为多种教学模式和学习模式的应用提供理论基础。

（三）教与学模式的构建

我们需要建立一个基于计算思维的教与学模式，旨在优化教学改革并推动实践的深入，在已有教学模式设计的基础上，形成适应计算思维方法的教学模式和学习模式。通过这一模式，教师能够以形式化增量的方式展示计算思维方法的应用，帮助学生在实践中逐步提高计算思维能力，使教学内容与学生的思维发展相辅相成。

（四）教与学模式在计算机基础教育教学中的应用实践

在计算机基础教育教学实践中，教师可选取如语言程序设计和软件工程等课程进行实证分析，应用基于计算思维的教学模式和学习模式。同时，通过对比采用和不采用计算思维方法的教学模式在解题过程中的差异，分析学生在培养计算思维能力过程中的成长路径，形成具体的计算思维能力发展的过程模型，为课程改革创新提供数据支持。

（五）软件工程课程改革在线学习系统建设应用

为进一步推广计算思维的培养，高校可构建一个基于计算思维的在线学习系统，专注于软件工程课程的教学改革。该系统将结合多种教学和学习方法，提供案例教学、课堂讲解、习题作业及疑问解答等多方位教学资源。通过开放实验教学视频、鼓励学生自主立项等方式，激励学生创新思维，培养其科学实验方法和严谨的工作态度。此外，高校可借助网络学习平台，推动教学内容和方法的持续优化，最终形成基于计算思维的网络自主学习模式。

（六）计算思维专题网站建设应用

为促进计算思维的研究和应用，高校可建立一个计算思维专题网站，跟进国内外最新的研究成果和技术进展。该网站将整合计算机学科、计算学科及思维学科等领域对计算思维发展的影响，发布相关研究文献、视频及案例，并搭建交流平台，为学者和教育者提供一个互动和共享的空间。

第四节　计算机基础教育教学改革创新研究的目标与意义

计算机基础教育教学改革创新的目标和意义十分深远。改革创新的一个核心目标是帮助学生更好地适应信息化社会，掌握必要的计算机基础技能，提升其信息素养，为其未来职业生涯打下坚实的基础。在当今快速发展的数字时代，计算机技术已经成为不可或缺的一部分，具备扎实的计算机技能不仅能提升学生的就业竞争力，还能为他们的职业发展提供强有力的支持。

另外，计算机基础教育教学改革创新也能激发学生的创新思维和实践能力。这种改革创新不仅关注技能的传授，还注重培养学生解决实际问题的能力，鼓励他们积极参与到科技创新和技术实践中去，从而培养出符合社会需求的高素质计算机人才。同时，计算机基础教育教学改革创新推动了教学内容和方法的创新与发展，进一步提升了教育质量。这种创新的教育模式不仅有助于学生掌握最新的计算机技术和理念，还能为社会经济的发展培养出更多具有创新精神和实践能力的优秀人才，为国家和社会的科技进步和经济繁荣提供坚实的人力资源保障。

一、研究目标

计算机基础教育教学改革创新的目标在于确保教育内容紧跟时代发展，提升学生的计算机技能与创新能力，以满足社会对高素质人才的需求，并推动教育信息化进程。改革创新还为培养未来科技人才打下坚实基础，通过一系列有针对性的教育创新，使学生适应社会科技不断发展的需求。

（一）确立计算思维培养地位

无论是在国内还是在国外，计算思维的研究和应用都取得了一定的进展。然而，如何有效地培养学生的计算思维能力仍是当前计算机教育领域亟待解决的问题。计算思维不仅是计算机学科的核心理念，还逐渐成为现代教育中不可或缺的部分，因此如何在计算机基础教育中准确地定位和落实计算思维的教学成为一项关键任务。计算机基础教育教学改革创新必须紧密契合社会科技发展的趋势，特别是在计算机基础教育教学过程中，计算思维的培养地位应当得到高度重视，推动教育教学方式的全面创新。

（二）基于计算思维的教学模式与学习模式的构建

通过对计算机基础教育的教学方法和策略进行深度探讨，人们旨在探索基于计算思维的教学模式与学习模式。该模式要求学生在教师的引导下，运用计算机基础概念、思想和方法来学习知识并解决实际问题。教师应通过创新的课程内容、教学手段和技术手段，使学生不仅掌握计算机的基本技能，还应提高他们的计算思维能力，从而为其进入社会后快速适应工作需求打下基础。此目标强调培养学生的综合能力，特别是在解决问题、创新思维和实践操作等方面的能力。

（三）课程应用与 TR 结构模型共同完成课程教学改革与实践

在推动计算机基础教育教学改革创新的过程中，人们还应探索计算思维教学模式在语言程序设计与软件工程等课程中的具体应用。通过分析每门课程的培养目标，构建适应这些目标的教学实施程序，探索基于计算思维的教学模式如何在实际课程中实施。此外，人们提出了一个全新的 TR 结构模型，即结合专题网站和课程教学改革的系统性框架。在这一结构模型中，专题网站将详细介绍计算思维的核心概念、发展历程、国际动态及相关研究，为教师与学生提供学习的资源平台；而在软件工程课程的教学过程中，教师将利用计算机学科的基础概念来设计系统、解决问题，并帮助学生理解开发设计系统的行为。

二、研究意义

计算机基础教育教学改革创新在当今教育体系中具有极其重要的意义。这不仅能够有效提升课程的实用性，确保教学内容与现实需求接轨，还能够显著提升学生在信息技术领域的能力，尤其是在当今技术日新月异的背景下，培养学生的创新思维，帮助他们更好地应对快速变化的科技环境。此外，这种改革创新能够为培养适应信息化社会需求的高素质专业人才提供强有力的支持，同时为教育现代化的推进打下坚实的基础。这一改革创新不仅涉及技术和知识的传授，还在更广泛的教育背景下推动了整个教育体系的升级和优化，促进了教育创新的步伐。

（一）理论意义

从理论的角度出发，计算思维的培养已成为教育研究中的热门课题，尤其是在计算机课程的教学中，基于计算思维的教学方式成为提升学生计算思维能力的关键。计算思维不仅是信息技术教育的重要组成部分，还在更广泛的学科领域中得到重视，成为培养学生高阶思维能力的有效途径。计算机基础教育教学改革创新研究在理论层面上的意义，具体体现在以下三个方面。

1. 技术发展方面

在当今信息技术快速发展的背景下，国家对人才培养提出了更高的标准，尤其是在计算机技术领域。计算机技术作为信息技术的核心，不仅推动了全球经济的飞速发展，还深刻地改变了社会结构和人们的日常生活。因此，计算机课程的重要性在教育体系中日益凸显，成为培养学生计算思维能力的核心课程之一。

计算思维能力是一种基于计算机学科原理的独特思维方式，它鼓励学生运用计算机学科的基本方法来分析和解决问题。虽然这种能力对计算机专业的学生尤为关键，但它对其他专业的学生同样不可或缺，因为它有助于他们更好地理解信息社会的运行规则，提升其信息素养和创新能力，帮助其应对未来社会的挑战。

为了适应时代的需求，我们构建一个围绕计算思维能力培养的理论框架显得尤为重要。这个框架应当涵盖计算机课程的各个方面，包括课程内容、教学方法、教学手段和评价体系等。其核心目标是通过系统的教学，使学生不仅能够掌握计算机学科的基本理论和方法，还能够培养其运用计算思维解决复杂问题的能力。

具体来说，我们构建这个理论框架时，应该着重关注以下几个方面：首先，教学内容需要不断更新与优化，确保计算机课程紧跟最新的技术发展，并能够传授先进的知识和技能；其次，教学方法需要进行创新，采用项目式学习、探究式学习等多种形式，以激发学生的兴趣和积极性；再次，教学手段要更加现代化和智能化，借助先进的信息技术手段来提升课堂教学效果与学生学习体验；最后，评价体系应具有科学性和全面性，建立多元化的评价体系，既能够准确评估学生的计算思维能力，也能全面考察他们的综合素质。

2. *学科发展方面*

在当今信息技术快速发展的时代，计算科学与数学、实验、统计方法共同构成了现代科学研究的四大基础方法。这不仅凸显了计算科学在推动技术进步和社会变革中的核心地位，还为人们重新审视和规划计算机教育提供了新的视角。

2005 年，国际计算机学会推出的计算机专业教学大纲对计算机学科进行了细分，将其分为多个子学科，如计算机科学、计算机工程、软件工程、信息技术、信息系统等，并提出了许多尚待发展和完善的新兴领域。这一细分不仅体现了计算机学科在广度和深度上的扩展，也为各领域学习者提供了更加精准的学习路径，使其能够根据不同的需求专注于某一领域的深入研究。

计算思维作为贯穿各个领域的核心思想，扮演着连接各学科的桥梁角色。计算思维强调运用计算机学科的基本原理和方法来解决实际问题，它不仅是计算机学科的基本素养，也是推动学生创新思维发展的关键。因而，设计并建立各种基于计算思维的教学模式和学习路径，成为当前计算机教育改革创新的重要方向。

为了实现这一目标，我们需要提出有针对性的教学方法和学习策略，构建一套完整的学科教学模式理论框架。这不仅包括传统的课堂教学和实验教学，还应包括项目式学习、探究式学习、在线教育等新兴教学模式。这些多元化的教学模式能够激发学生的学习兴趣，提高他们学习的主动性，从而有效提升他们的计算思维能力和问题解决能力。

值得注意的是，计算机的双重属性——既作为学科又作为工具，在培养学生的计算思维能力中起到了基础性作用。作为学科，计算机为我们提供了必要的理论基础和实践技能；作为工具，计算机则是我们应用这些知识和技能解决实际问题的重要载体。因此，在计算思维能力的培养过程中，我们必须注重理论与实践相结合，鼓励学生将理论知识运用于实际问题的解决中。

最后，计算思维能力的培养是克服“狭义工具论”最有效的途径。在计算机教育中，我们应超越将计算机单纯视为工具的观点，而应将其视为一种思维方法和学科范式。这样才能培养出具有创新思维和实际操作能力的高素质人才，为应对信息技术领域的复杂问题提供坚实的理论和实践支持。

3. 教育发展方面

在现代高等教育体系中，大学计算机基础教育扮演着举足轻重的角色。它不仅要教授计算机相关知识，更重要的是培养学生的计算思维能力。为了实现这一目标，我们必须将计算思维能力的培养作为计算机基础教育的核心任务，并据此建立完善的课程体系。这一体系的构建不仅能为全国高校的计算机课程教学改革提供示范，还能为计算思维能力的培养与推广树立旗帜。因此，我们对计算思维与计算机基础教学的深度研究具有极强的指引作用，能够为整个教育体系中计算思维能力的落实提供明确的方向。

（二）实践意义

计算机基础教育教学改革创新研究旨在探索并实践基于计算思维的教学模式和学习模式，特别是在计算机基础课程教学中如何有效培养学生的计算思维能力。通过形式化的方法描述，并总结出适用于教学的模式，为教师在课程中应用计算思维方法提供指导。此举旨在提高课堂教学效率，并帮助学生提升计算机认知能力、应用能力及信息技术处理能力。计算机基础教育教学改革创新研究的实践意义可以从以下几个方面加以阐述。

1. 设计与开发计算思维的专题网站

计算思维作为一种相对较新的思维方式，尚未在国内外形成完整的理论体系。通过建设计算思维的专题网站，我们能够为未来计算机学科及教育领域中计算思维方法的应用提供更多参考，同时该网站将记录计算思维发展的进程，为计算机学科的长远发展奠定基础。

2. 形成一套基于计算思维的教学方法和学习方法

我们结合计算思维方法的总结和实践，特别是在语言程序设计和软件工程课程中，通过形成模式化的教学方法和学习方法，可有效促进计算思维的运用，并帮助学生培养计算思维能力。

3. 设计与开发软件工程课程的教学系统

我们应设计与开发适合计算思维培养的软件工程课程教学系统。该系统提供多维度的教学资源，包括课堂教学、学习方法、学习大纲、习题解答、实训实践和能力要求等，以此支持课程教学，并推动学生计算思维能力的提升。

第三章 信息时代下计算机专业学科教育教学改革创新研究

在信息时代，计算机专业学科教育教学改革创新势在必行。随着信息技术的飞速发展，计算机已经成为社会公众日常生活和工作的基本工具，掌握高水平的计算机应用技术成为人们提升工作效率的关键。然而，传统的计算机教学体系已难以满足现代教育的需求。一方面，学生需要更加个性化、灵活的学习方式，以适应信息时代的快速变化；另一方面，社会对计算机人才的需求在不断变化，更加注重实践能力和创新思维。因此，计算机教学体系必须进行改革创新，构建以网络教育模式为基础的课程体系，提升学生学习的主动性，完善教学内容，真正提升学生的计算机应用能力。这是信息时代下教育发展的必然趋势，也是培养高素质计算机人才的必然要求。在这个过程中，应当加强对计算机专业学科教育教学的改革创新，提升计算机教学质量及效果。

第一节 计算机专业学科课程体系与教学体系改革创新

课程体系与教学体系的改革创新至关重要。课程体系改革创新能确保教育内容与时俱进，满足社会发展对人才的需求，同时提升学生的学习兴趣与实际应用能力。教学体系改革创新则注重教学方法与手段的创新，强调以学生为中心，培养批判性思维、创新能力和团队合作精神。两者相辅相成，共同推动教育质量的提升，为学生全面发展奠定坚实的基础，促进教育与社会发展的深度融合，培养更多适应未来需求的优秀人才。

一、计算机专业学科课程体系改革创新

计算机专业学科课程体系的改革创新显得尤为重要且迫切，因为课程体系设置的科学性、合理性直接关系到计算机专业学科人才培养目标能否顺利实现。

随着经济社会持续不断地发展，以及人才市场对计算机专业人才的需求日益呈现出多样化和专业化的特点，如何精准地依据经济社会的发展动态，以及人才市场对计算机专业人才的真实、具体需求，运用科学合理的方法和策略去调整计算机专业学科的课程设置与教学内容，进而构建出一套适应时代发展和人才培养需求的新型课程体系，这已然成为广大教育工作者们努力不懈探索、积极主动实践的关键任务。

在计算机专业学科教育方面，将课程体系的基本取向明确且坚定地定位为强化学生应用能力的培养和训练。这一重要定位具有深远的意义，旨在使学生不仅能够扎实地掌握计算机专业的理论知识，更能够熟练地将所学知识应用到实际的工作中，以满足社会对计算机专业人才的实际需求。

（一）课程体系设计

在信息时代，计算机技术飞速发展并深度融入社会的各个领域，社会对计算机专业人才的需求呈现出多样化和复杂化的趋势。在此背景下，课程体系设置科学与否决定着计算机专业学科人才的培养目标能否实现，如何根据经济社会发展和人才市场对各专业人才的真实要求，科学合理地调整计算机专业学科课程，构建一个新型的课程体系，一直是教育者努力探索、积极实践的核心内容。

1. 遵循基本规律

“面向应用，需求导向，能力主导，分类指导”是高校在长期的计算机专业学科教育实践过程中，经过不断探索、总结和验证所形成的基本规律。在信息时代，这一规律不仅对于计算机专业学科课程改革具有极其重要的指导意义，还适用于课程体系的设计工作。也就是说，课程体系的设计必须严格遵循“面向应用，需求导向，能力主导，分类指导”的基本规律，确保课程体系能够紧密结合信息时代的实际应用需求，以学生的能力培养为核心，根据不同学生的特点和需求进行分类指导，从而提高课程体系的科学性和实用性，使培养出的学生能够适应信息时代的发展需求。

2. 体现改革目标

在信息时代，计算机专业学科教育教学改革设定了一系列明确且具有前瞻性的目标。其中包括“设计多样化课程体系，实施灵活性教学”，旨在为学生提供丰富多样的课程选择，满足不同学生的学习需求和兴趣爱好，以适应信息时代知识快速更新和多元化的特点；“更新课程内容以适应计算机技术发展”，确保课程内容能够紧跟信息时代计算机技术的最新发展动态，使学生所学知识与实际应用保持同步，使学生掌握最前沿的计算机技术；“重视计算思维能力培养”，培养学生运用计算机学科的基础概念进行问题求解、系统设计及人类行为理解等一系列思维活动的能力，以应对信息时代复杂多变的局面；“提升运用计算机技术解决问题的能力”，强调学生将所学知识应用到解决实际问题中的能力，让学生能够在信息时代的生活和工作中发挥计算机专业的优势①。这些改革目标应在课程体系设计中得到充分体现，通过合理的课程设置和教学内容安排，实现改革目标，提高人才培养质量，为信息时代输送优秀的计算机专业人才。

3. 以课程改革为基础

在信息时代，计算机专业学科的课程改革是课程体系改革的基石和核心组成部分，起着至关重要的作用。当前所推进的课程体系改革是建立在对每一门相关课程进行深入改革的基础之上的。随着信息时代的快速发展，知识和技术不断更新，只有每一门课程都能够根据时代发展的需求和学生的实际情况进行优化和改进，课程体系改革才能够取得实质性的进展和成效。因此，教育者在进行课程体系改革的过程中，必须高度重视每一门课程的改革，确保课程之间的协调配合，形成一个有机的整体，以更好地适应信息时代下计算机专业学科教育教学的要求。

4. 自主构建相应课程体系

在信息时代，自主构建计算机专业学科课程体系是计算机专业学科教育教学改革创新的一项重要举措。高校作为人才培养的主体，具有独特的办学理念、教学资源和学生特点。高校可依据教育主管部门对计算机专业学科教育的宏观要求、专业学术组织对课程体系构建的指导性意见或建议、不同类型教育和专业在信息时代的具体需求及学生的实际情况等多方面因素，按照学校的总体发展规划和人才培养目标，自主构建相应的课程体系。在构建过程中，高校应充分发挥自主性和创造性，结合自身优势，打造具有特色的课程体系，以培养出适应信息时代发

① 纪少梅，矫林涛．计算机基础教育课程改革与教学优化研究 [M]. 成都：电子科技大学出版社，2024.

展的创新型计算机专业人才。经学校内部严格的审核和批准后实施，以确保课程体系的科学性、合理性和可行性，使其能够在信息时代发挥应有的作用。

5. 引进现代教育技术

在信息时代，现代教育技术作为提升计算机专业学科教学质量的关键要素之一，在教育领域中发挥着愈发重要的作用。其应用范围广泛，涵盖了教学资源库建设、数字化平台开发，以及翻转课堂、微课程、慕课等多个方面。

在信息时代，教学资源库建设能够借助丰富的数字资源，为学生提供丰富多样的学习资源，充分满足学生在这个信息爆炸且倡导自主学习的时代背景下的自主学习需求。而数字化平台开发则依托信息时代先进的技术手段，为教学活动打造更加便捷、高效的工具和环境，使得教学活动的组织与开展突破时间和空间的限制，更加灵活自如。

此外，翻转课堂、微课程、慕课等新型教学模式的应用，更是顺应了时代发展的潮流，彻底改变了传统的教学模式。这些新型教学模式以学生为中心，利用信息化手段激发学生的学习兴趣，显著提高了学生的学习积极性和参与度，让学生从被动接受知识转变为主动探索知识。

在计算机专业学科教育中引进现代教育技术，教育者需要从整体层面进行全面、系统的设计。教育者应充分利用信息时代的技术优势和丰富资源，将现代教育技术与教学内容、教学方法和教学评价等各个方面进行深度融合，使其全面且深入地融入教学的各个环节中。

（二）课程体系构建原则

在信息时代的背景下，计算机科学与技术的飞速发展对计算机专业学科教育教学课程体系改革提出了要求。计算机专业学科改革作为课程体系改革的关键一环，应着重加强改革与创新。

具体而言，教育者需不断更新计算机专业学科的课程内容，紧跟信息技术发展的步伐。在信息时代，技术迭代日新月异，只有让课程内容与时俱进，才能使学生接触到最新的知识和技术，为其未来的职业发展和学术研究奠定坚实的基础。

此外，计算机专业学科课程体系改革还应积极响应国家政策、满足行业需求。在当前国家大力推动信息技术产业发展的背景下，紧密结合国家政策导向，深入了解行业对计算机专业人才的具体要求，推动高校与企业、行业的深度合作。通过这种合作模式，高校能够更好地调整课程设置和教学内容，培养出符合社会实际需要的应用型人才，实现教育与产业的无缝对接，提高计算机专业学科教育的实用性和针对性。

1. 提高对课程及其改革的认识

在信息时代，应提高对计算机专业学科教育及其改革的认识。对于非计算机专业，高校明确将计算机教育中的基础教育部分作为学生学习的重要基石。信息时代知识更新节奏极快，更需汲取高校计算机专业学科教育在长期发展进程中积累的历史经验，以此为根基积极推动高校计算机专业学科教育教学改革。不仅要提升计算机专业学科教育中的基础部分的质量，更要助力专业学科教育的整体发展，使学生能够适应信息时代对计算机专业技能提出的要求。

在信息时代，应将计算机专业学科教育课程体系构建的主导权更多地赋予用户，即非计算机专业的教师和学生。不过，这一举措的前提是必须明确计算机专业学科教育在整个教育体系中的重要作用和定位。同时，明确构建课程体系时要吸取积累的经验，并在此基础上大胆推进课程体系构建的改革，从而更好地契合信息时代计算机专业学科教育不断演变的需求，培育出更贴合专业发展的复合型人才，让学生能够借助计算机在专业领域实现更出色的创新与发展。

2. 确定课程的必修学时、必修学分与选修学分

在信息时代，明确计算机专业学科教育在整个教育体系中的重要作用和定位，不能仅仅停留在理论层面，而要落实到具体的学时、学分要求，以及教学环境保障等实际操作当中。各高校应当明确规定高校计算机专业学科教育课程的必修学时、必修学分及选修学分，落实教学组织机构，搭建优质的教学环境。合理的学时、学分设定能够确保学生在计算机专业学科教育中，既扎实掌握计算机专业基础知识，又拥有深入学习与专业相关计算机技能的机会，为后续的专业学习及职业发展筑牢基础，以便从容应对信息时代复杂多变的工作场景对计算机专业能力的要求。

3. 发布高校计算机专业学科课程目录

在信息时代，各高校可依据课程设计层次框架，对校内开设的计算机专业学科课程提出要求。既可以由各院校相应的计算机专业学科教育教学机构提出课程大纲、选用教材及其他已具备的相应教学资源和环境等信息，也可以由各院校其他教学单位（如专业）提出拟开设的计算机专业学科课程信息，进而形成校内的计算机专业学科课程目录。这一目录所包含的是经过各院校审批后可能开设的课程，这些课程应充分体现课程改革的特征，并符合各院校的实际情况。课程开设

者主要是校内的计算机专业学科教育教学机构的教师，也可涵盖非计算机专业的教师，还可以采用高校认可的慕课形式。完善的课程目录有助于整合计算机专业学科教育资源，为学生提供更为丰富、更贴合专业需求的课程选择，使学生能够更充分地利用信息时代的教育资源提升自身的计算机专业能力。

4. 构建高校计算机专业学科课程体系

在信息时代，各高校自主构建计算机专业学科课程体系，应由各院校对相关课程教学提出具体要求。依据或参考各级教学指导委员会、各类学术组织等提出的高校计算机专业学科课程体系框架、课程及课程体系改革建设的指导性意见或建议，在各院校计算机专家、教师的指导下，以非计算机专业对开设计算机专业学科课程的意见为主构建本校计算机专业学科课程体系，并制订实施方案，经各院校批准后付诸实施。高校自主构建的科学合理的计算机专业学科课程体系是计算机专业学科教育的重要支撑，能够培养学生良好的计算机专业素养和专业应用能力，推动计算机专业学科教育的可持续发展。

（三）课程体系实施方案

为契合当前教育需求，提升学生在计算机专业学科领域的综合能力，我们应构建以能力为导向的“模块化”计算机专业学科课程体系。该体系的核心是根据计算机专业对学生学科知识、能力和素质等方面的培养要求，打破传统计算机专业学科课程的界限，将计算机专业的教学活动整合成不同的模块。每个模块都有明确的能力培养目标，学生完成一个模块后应该具备该模块所对应的计算机专业能力。通过模块间的相互衔接与支撑，逐步实现计算机专业的培养目标，将传统的以知识为本的计算机专业教学模式转变为以能力为核心的教学模式。

在设计计算机专业学科教学内容时，高校应围绕每个模块的能力培养目标进行精确选择，重新构建计算机专业课程内容，将传统计算机专业课程转化为面向特定能力的模块。这些模块不仅实现了计算机专业课程内容的整合，还充分发挥了高校与企业的合作优势，高校可借助企业的工程教育资源与企业共同开发具有实践性和创新性的计算机专业课程模块。这种合作模式有助于高校实现计算机专业课程内容的更新与完善，并提升学生在计算机专业领域的实践能力。

计算机专业教师经过调研和讨论发现，可将互有联系且可以相互独立的计算机专业课程整合成课程群，确保计算机专业课程内容既有序又具互动性。具体来说，课程群包括计算机专业基础课程群、硬件课程群和软件课程群。计算机专业基础课程群包括计算机科学导论、数据结构等，硬件课程群包括计算机网络、计算机系统结构、计算机组成原理、微机接口技术等，软件课程群则包括软件工程、操作系统、数据库原理及应用、算法分析与设计等。通过课程群的整合，高校不仅明确了计算机专业课程发展的方向，还有效地把学生在计算机专业的能力培养融入课程体系中，确保计算机专业教学内容的科学性与系统性。

二、计算机专业学科教学体系改革创新

计算机专业学科教学体系改革的意义在于创新教学模式，注重学生的全面发展，培养学生的创新思维与实践能力。高校通过优化教学内容与方法，可提升教学质量与效率，适应时代发展需求，为社会培养更多高素质、复合型人才，推动教育现代化进程。

（一）优化课程设置

在信息技术飞速发展、社会对计算机专业人才需求日益多元化的当下，计算机专业学科教学体系的改革迫在眉睫，而优化课程设置无疑是其中关键的一环。

随着计算机技术的迅猛发展，新的技术领域和应用场景不断涌现。从人工智能在各个行业的广泛应用，到大数据在海量信息处理和分析中的关键作用，再到云计算与虚拟化技术为企业带来的高效、便捷的服务模式，这些新兴技术正深刻地改变着社会的运作方式。因此，计算机专业学科的课程设置必须紧跟时代步伐，根据计算机技术的发展趋势和社会需求，及时调整和更新。

为了使学生能够接触到最前沿的知识和技术，高校增加新兴技术相关课程成为必然选择。开设人工智能课程，让学生深入了解机器学习、深度学习等核心算法的原理和应用。通过学习，学生能够掌握如何构建智能模型，实现图像识别、自然语言处理等复杂任务，为日后在人工智能领域的研究和工作打下坚实的基础。大数据分析课程则着重培养学生对海量数据的收集、存储、处理和分析能力。学生将学习到数据挖掘、数据可视化等关键技术，能够从复杂的数据中提取出有价值的信息，为企业的决策提供支持。云计算与虚拟化课程让学生熟悉云计算平台的架构和管理，掌握虚拟化技术的实现原理，使他们能够在实际工作中运用云计算服务，提高资源的利用率和系统的可扩展性。

除了增加新兴技术课程，高校优化课程体系结构同样重要。传统的计算机专业课程体系可能存在课程之间相对独立、缺乏有机联系的问题，导致学生难以形成系统、完整的知识体系。因此，高校需要加强课程之间的衔接和整合。例如，在程序设计基础课程中，注重培养学生的编程思维和基本技能，为后续的算法设

计、数据结构等课程奠定基础。在数据结构课程中，结合实际的编程案例，让学生理解不同数据结构的特点和应用场景，进而在算法设计课程中能够运用合适的数据结构优化算法的性能。同时，将新兴技术课程与传统课程有机融合，如在人工智能课程中，运用数学基础、算法设计等知识；在大数据分析课程中，涉及数据库原理、计算机网络等方面的内容。通过这种方式构建一个层次分明的知识体系，使学生能够从整体上把握计算机专业的知识架构。

计算机专业学科教学体系改革中的优化课程设置是一项系统而复杂的工作，高校需要紧密结合计算机技术的发展趋势和社会需求，只有这样才能培养出适应时代发展、具有创新能力和实践能力的高素质计算机专业人才，为我国计算机行业的发展提供有力的人才支持。

（二）专业实训建设与改革

在信息时代，科技正以前所未有的速度飞速发展，计算机技术作为推动时代进步的核心力量，其重要性愈发凸显。计算机专业学科教育教学在培养适应时代需求的专业人才方面肩负着重大使命。在信息时代，计算机专业的应用创新型人才培养对于学生的编程能力、数据库应用能力、软件系统设计与开发能力、网络编程和系统管理能力等有着极为严格的要求。因此，高校围绕这些核心能力开展的计算机专业学科教育教学活动应高度注重理论与实践的紧密结合，积极推动学生通过大量的动手实践不断提升其技术能力。以下是几个推动计算机专业学科教学体系改革的关键举措。

1. 实践教学师资建设

在信息时代下计算机专业学科教育教学中，实践教学师资的建设至关重要。作为教师，不仅要具备扎实深厚的专业理论知识，还应拥有丰富多样的实际工程经验。信息时代技术迭代迅速，新知识、新应用层出不穷，通过积极强化教学经验的总结和广泛的资源共享，有力地推动科研与教学的深度融合，能够不断提升教师自身的教学水平和实践能力，使其能够将最新的技术和应用融入教学中。在师资队伍建设方面，高校可采取引进与培养相结合的方式，合理优化教师队伍结构，尤其要大力推动“双师型”教师队伍的建设。教师可以通过深入企业实践、积极参与项目开发及持续进行继续教育等多种途径，切实提升自身的工程应用能力。如此一来，教师在课堂上便能让学生真切感受到行业前沿的先进技术和实践操作，使学生更好地将理论知识与实际应用相结合。目前，计算机专业的绝大多数教师都具备硕士研究生以上学历，并且拥有丰富的软件开发实践经验，部分教师还曾在知名软件企业工作，这为信息时代下计算机专业学科教育教学质量的提升提供了坚实的师资保障。

2. 开设课程实验和实训课程

课程实验是信息时代下计算机专业学科教育教学中至关重要的组成部分。为了显著提升学生的实践能力和创新设计能力，在计算机专业学科教育教学体系中，每一门有实践性要求的专业课程都精心配备了课程实验，并根据课程的实际需求科学设计课程实验，课程实验通常设置为 1 ～ 2 个学分。特别是在课程群教学结束后，教师会及时组织综合实训或系统开发实训课程，旨在培养学生从实际需求出发，熟练进行系统开发、综合实训和项目管理的能力。在信息时代，行业需求变化快速，通过这些紧密结合时代需求的课程实验和实训环节，学生能够在实践中巩固所学的理论知识，提高解决实际问题的能力，更好地适应未来计算机行业快速变化的工作需求。

3. 开展学生创新创业教育

创新创业教育是信息时代下计算机专业学科教育教学中人才培养的重要内容。高校应大力鼓励学生积极参与创新项目，为学生提供丰富的实践平台，全力支持学生将自己的创意转化为具体的技术产品或服务，进而有效提升其创业实践能力。信息时代为创新创业提供了广阔的平台和无限的机遇，不仅有助于提升学生的创新能力和实践能力，还能为学生未来在信息时代的职业发展和创业之路打下坚实的基础。

通过以上一系列改革举措，高校致力于构建更加完善、科学的信息时代下计算机专业学科教育教学体系，培养出更多适应时代发展需求的应用创新型计算机专业人才，为信息时代的发展提供强有力的人才支撑。

（三）完善教学评价体系

在计算机专业学科教育教学体系改革的进程中，完善教学评价体系是至关重要的一环，它对于提升计算机专业学科教育教学质量、培养适应时代发展需求的专业人才具有不可忽视的作用。

这一多元化的教学评价体系，首先强调对学生理论知识掌握情况的关注。在信息时代下计算机专业学科课程中，诸如算法设计、数据结构、计算机组成原理等理论课程，犹如搭建高楼大厦的基石，为学生的专业学习奠定了坚实的基础。通过对这些课程的考试、作业、课堂表现等多方面进行细致入微的评估，教师能够精准地检验学生对基本概念、原理和方法的理解与掌握程度。然而，在信息瞬息万变、技术不断更新的时代背景下，仅仅关注理论知识是远远不能满足学生未来的职业发展和社会对人才的需求的。

为了全面、客观地评价学生的学习成果，教学评价体系采用过程性评价和终结性评价相结合的方式。过程性评价贯穿于信息时代下计算机专业学科课程的教学过程中，通过对学生的课堂表现、作业完成情况、实验报告、小组讨论参与度等方面进行持续跟踪和评估，及时、准确地了解学生的学习进展和存在的问题，为教师适时调整教学策略提供有力依据，也为学生提供及时、有效的反馈和指导，帮助学生不断改进和提高学习效果。终结性评价则在课程结束后进行，通过期末考试、课程设计报告、项目答辩等方式，对学生的学习成果进行全面、系统的总结和评价，综合考量学生在整个课程学习过程中的表现和收获。

通过建立多元化的教学评价体系，教师能够更加全面、客观地评价学生在信息时代下计算机专业学科课程学习中的表现和能力，为计算机专业学科教学体系改革提供强有力的支持和保障，促进学生的全面发展，培养出更多适应信息时代社会需求的高素质计算机专业人才，使他们能够在激烈的竞争中脱颖而出，为推动计算机专业领域的发展贡献自己的力量。

第二节　计算机专业学科教育教学管理与师资队伍建设改革创新

计算机专业学科教育教学管理与师资队伍建设改革创新的必要性在于适应新时代教育发展的需求，提升教学质量。教学管理改革创新能够优化资源配置、提高教学效率，确保教学活动有序进行。通过引入先进的管理理念和技术手段，高校可以实现教学过程的精细化管理，提升教学质量。同时，师资队伍建设改革创新也是关键。优秀的师资队伍是教学质量的保障。高校可通过加强教师培训、引进优秀人才等措施，激发教师的积极性和创造力，提升教师的专业素养和教学能力。因此，教学管理与师资队伍建设改革创新是提升教学质量、培养高素质人才的重要途径，对于推动教育事业的发展具有重要意义。

一、计算机专业学科教育教学管理与师资队伍建设改革创新的原则

计算机专业学科教育教学管理与师资队伍建设改革创新需要遵循课程体系与教学体系改革创新的原则，因为这些原则能够确保教学管理与师资队伍建设改革创新的方向正确、措施有效。它们能够促进教学内容与计算机技术的紧密融合，完善课程结构，提升教师的教学技能与创造力，并保障学生在综合素养与创新能力上的均衡发展。这些原则为计算机专业学科教育教学管理与师资队伍建设改革创新指明了清晰路径，成为推动改革深化、提升教学质量的基石。

（一）融合原则

在计算机技术与各学科紧密结合的基础上，教学管理改革需进一步推动计算机专业学科教育的创新发展。这要求教育者深刻理解计算机技术的教育潜力，将其与计算机专业学科内容、教学方法及学生特点相结合，形成独特的教学风格。通过优化教学设计，教师利用计算机技术激发学生的主动思考、自主探索和实践能力，培养学生解决问题的能力和创新思维。同时，教学管理改革还需关注计算机技术在班级管理、课程安排、教学评估等方面的应用，以提升整体教学效率和质量。在此过程中，特别强调师资队伍建设的改革，确保教师具备足够的计算机技术应用能力，以支撑教学改革的深入实施。

（二）互补共进原则

在计算机辅助教学日益普及的背景下，教学管理改革创新需坚持传统教学手段与现代技术的有机结合。这要求教师认识到，无论是传统的板书、实物演示，还是现代的计算机技术，都有其独特的优势和价值。通过科学结合使用，可以发挥各自优势，提升教学效果。例如，在计算机上演示复杂图形或过程，同时结合板书进行重点讲解，可以帮助学生更好地理解和掌握知识。师资队伍建设改革创新需强调教师在传统教学手段与现代技术之间灵活切换的能力，通过实践操作和理论学习，提升他们的教学技能和创新能力。

（三）协调一致原则

在利用多媒体技术辅助教学时，教学管理改革创新需强调媒体与教学内容的协调一致。教师通过精心选择教学媒体，实现信息的有效传递和情感的共鸣。同时，教师应避免媒体过多或不当使用分散学生的注意力，确保媒体与教学内容的

完美结合。此外，教师还需关注媒体技术的更新与发展，及时引入新技术，优化媒体在教学中的应用效果。师资队伍建设改革创新需加强教师对新媒体技术的掌握和应用，通过培训和实践操作，提升他们的教育素养和创新能力。

（四）情感交流与师生互动原则

教学管理改革创新应高度重视计算机辅助教学环境下师生之间的情感交流。尽管计算机能提供丰富的交互体验，但无法替代人与人之间的情感联系。因此，教学管理改革创新需确保计算机技术在辅助教学的同时，加强师生间的有效沟通，促进学生的认知与情感同步发展。教师需关注学生的情感需求，通过面对面的交流、肢体语言等方式，与学生建立深厚的情感联系，提升教学效果。师资队伍建设改革创新需注重培养教师的情感沟通能力和人际交往能力，通过心理辅导、团队建设等方式，提升他们的职业素养和人格魅力。

二、计算机专业学科教育教学管理与师资队伍建设改革创新的必要性

在信息时代，计算机专业学科课程体系与教学体系面临着深刻变革，教学管理与师资队伍建设改革创新具有显著的必要性。

从教学管理的角度看，新一代信息技术迅猛发展，传统教学管理模式难以适应课程内容实时更新、动态优化的要求。高校通过改革创新，利用人工智能、大数据等技术构建智能化教学管理与资源调度机制，能够精准匹配教学资源，让教学管理紧跟时代步伐，为教学活动高效开展提供有力保障。

师资队伍建设的改革创新同样关键。行业技术日新月异，教师若不提升自身能力，便无法将前沿知识和新的教学理念融入课堂。教师只有积极参与课程内容更新，适应新的教学管理模式，才能满足学生对知识的需求。改革创新能促使教师成长，使其更好地应对信息时代的教育挑战，推动计算机专业学科教育持续发展，为培养适应时代需求的专业人才奠定基础 。

（一）计算机专业实验教学管理复杂性与智能化升级：呼唤教学管理与师资队伍建设的改革创新

在计算机专业实验教学管理领域，面对日益复杂的实验环境和多样化的教学资源需求，传统的管理方式已难以满足高效、精准的配置要求。智能化水平的不足，不仅制约了实验项目的顺利开展，还加重了师生的工作负担，影响了计算机

专业学科教育的质量[①]。因此，针对计算机专业实验教学管理的特点，教学管理与师资队伍建设必须加快改革创新的步伐，积极引入先进的智能化管理系统，如实验室自动化管理系统、虚拟仿真实验平台等，以提升资源配置效率，优化实验环境。同时，高校应加强师资培训，提升教师对新技术的掌握和应用能力，特别是针对计算机专业领域的智能化技术，以适应实验教学的新挑战，推动计算机专业学科教育的创新发展。

（二）计算机专业课程更新滞后与资源建设：教学管理与师资队伍建设改革创新的迫切需求

计算机专业课程内容的更新速度直接关系到大学生毕业后能否适应快速发展的职场要求。当前，专业课程更新机制的不灵活和课程资源的滞后，已成为制约计算机专业学科教学质量提升的关键因素。因此，教学管理与师资队伍需主动改革创新，建立灵活高效的课程更新机制，加强与计算机行业、企业的联系，及时引入人工智能、大数据、云计算等前沿技术，确保课程内容的时效性和实用性。同时，高校应鼓励教师参与课程资源建设，如开发在线课程、搭建开放课程平台等，提升课程资源的共享性和开放性，以满足学生多元化、个性化的学习需求，促进计算机专业学科教育的持续发展。

（三）计算机专业教学过程数据采集与分析不足：教学管理与师资队伍建设改革创新的紧迫任务

计算机专业的教学过程涉及大量的数据生成与处理，但当前高校在教学过程中数据采集和分析方面的不足，导致学情预警与反馈机制的缺失，严重影响了教学效果的评估和改进。因此，针对计算机专业的教学特点，教学管理与师资队伍必须加快改革创新的步伐，建立完善的数据采集和分析体系，运用大数据和人工智能技术精准分析学情数据，如学习进度、代码质量、项目完成情况等，及时发现和解决教学中的问题。同时，高校应加强师资培训，提升教师对数据分析结果的解读和应用能力，特别是针对计算机专业领域的数据分析技术和工具，以数据驱动教学改革，提升教学质量，推动计算机专业学科教育的智能化发展。

综上所述，针对计算机专业学科教育的特点，教学管理与师资队伍建设的改革创新是推动计算机专业学科教育创新发展的关键所在。高校需从实验教学管理、

① 罗贤明，王磊．高校计算机教育教学课程创新与实践 [J]. 食品研究与开发，2021，42（22）：240.

专业课程更新、教学过程数据采集与分析等方面入手，全面深化计算机专业学科教育教学管理与师资队伍建设的改革创新，为培养具有创新精神和实践能力的高素质计算机专业人才提供有力保障。

三、计算机专业学科教育教学管理与师资队伍建设改革创新路径

从教学管理的角度看，改革创新能够优化教学资源配置，高校通过建立科学的课程准入机制和数字化资源体系，能确保教学资源的高质量与标准化，满足学生多样化的学习需求。同时，教师应借助大数据等技术实现教学过程的精准管理与评估，及时调整教学策略，提升教学质量和效率。

对于师资队伍建设而言，改革创新为教师发展提供了广阔空间。高校应鼓励教师参与课程资源开发、跨学科研究和新技术应用，以提升教师的专业素养和创新能力。

（一）加速计算机专业课程内容与前沿技术同步更新

在信息时代,计算机专业学科课程体系与教学体系改革路径的探索刻不容缓。新一代信息技术的迅猛发展，为计算机专业学科教育带来了巨大挑战，对课程教学内容提出了实时更新、动态优化的迫切要求。为契合这一改革路径，有效解决课程资源建设滞后的问题，需积极推进教学管理与师资队伍建设改革创新，建立产学研协同的课程机制。通过吸纳行业专家、技术骨干进入课程建设指导委员会，高校可形成常态化的人才需求调研与课程定位论证机制，推动教学内容紧密对接产业需求，大幅缩短知识体系迭代周期，这正是课程体系改革在内容层面的关键举措。

以移动应用开发课程为例，在计算机专业学科教育的框架中，可通过引入移动操作系统版本迭代讲座、业界真实项目案例，加速各类应用程序、小程序、浏览器内核的新特性、新场景向课堂教学的渗透。同时，师资队伍应不断提升自身能力，积极参与课程内容更新，这是教学体系改革对教师角色的新要求。还要依托在线开放课程平台，重塑教学资源建设的生产方式，充分运用微服务化的课程开发框架、版本管理工具、协同编辑平台，推动教学资源的共创共享和动态更新，为计算机专业学科教育提供有力支撑，完善信息时代的课程体系与教学体系。

（二）优化编程实验与实训教学资源的智能化调度

在计算机专业教学管理信息化改革进程中，教学管理与师资队伍建设改革创新至关重要，这也是信息时代下计算机专业学科课程体系与教学体系改革创新的重要组成部分。高校需要充分运用人工智能、大数据等技术，加快构建智能化教学管理与资源调度机制，如基于知识图谱关联融合教学大纲、实验指导书、教学日历、课程考核等数据，形成课程画像。在这一过程中，教师要积极适应新的教学管理模式，提升教学管理能力，顺应教学体系改革创新趋势。

高校可构建语义化的实验项目知识图谱，多维描述项目类型、功能主题、编程语言、对应课时等属性特征，结合学情分析和个性化推荐算法，自动生成“适配性-挑战度”动态平衡的实验项目推荐列表。高校可运用智能排课、推荐算法等，结合课程属性、教师特长、学生特点、教室（实验室）属性等要素，精准匹配师生、课程、教室等教学资源，提高排课效率和质量。针对实践性强、项目驱动的特色课程，高校可引入智能工作流技术，依据项目管理最佳实践，优化实验教学活动流程，协同教学团队、实训基地导师等多方资源，无缝衔接理论教学与实验实训，全面提升计算机专业学科教学质量，从资源调度角度落实改革创新。

（三）强化教学管理系统对大数据分析与学生行为跟踪的支持

在以学生为中心的智慧教学理念下，教学管理系统应强化对编程实验、项目实训和课程实验等场景中师生行为的全程跟踪与数据分析支持，从而转变为智慧化的教学管理助手，这不仅是教学管理与师资队伍建设改革创新的重要体现，更是信息时代下计算机专业学科课程体系与教学体系改革创新的关键一环。

例如，在程序设计类课程中，可从学生的集成开发环境中采集编码、调试、运行、测试等操作数据，利用模型评估代码质量、算法性能、逻辑缺陷，从而全面评估学生的编程行为表现。在软件工程实训项目中，通过采集学生在需求管理、设计建模、代码管理、单元测试等环节留下的数字化“痕迹”，确定学生在项目参与中的能力短板、贡献度排名、团队角色定位等，形成个性化的能力画像。在计算机网络实验中，可以通过在交换机、路由器等网络设备中内置流量监控探针，采集学生的配置指令、操作行为等数据，利用异常行为识别、故障根因分析等智能算法精准定位网络故障，形成故障诊断报告。

教学管理系统还可以嵌入智能文献推荐、科研项目匹配等大数据服务，根据学科专长、授课特点动态推送个性化的前沿知识资讯。在提供个性化指导的同时，教学管理系统可以逐步积累典型案例，助力实验教学持续改进，为计算机专业学科教育提供更优质的教学服务，推进教学管理的改革创新。

（四）推进人工智能＋教育的学科平台建设

在信息时代的浪潮下，人工智能＋教育的学科平台建设是计算机专业学科课程体系与教学体系改革创新的关键环节。高校构建一个融合先进人工智能技术的学科平台，能够为课程体系注入新的活力，重塑教学体系的运作模式。

首先，该平台应具备智能化的课程推荐功能。该平台利用人工智能算法对学生的学习习惯、知识掌握程度、兴趣偏好等多维度数据进行深度分析，为学生精准推送契合其需求的计算机专业课程，打破传统课程选择的盲目性，优化课程体系结构。例如，对于对数据挖掘方向感兴趣且具备一定编程基础的学生，该平台可自动推荐高级数据挖掘算法、大数据处理技术等相关课程。

其次，该平台要搭建智能教学辅助系统。该平台通过搭建智能教学辅助系统可协助教师进行日常教学工作，如自动批改作业、智能答疑等。以编程作业为例，智能教学辅助系统能够快速检测代码的语法错误、逻辑漏洞，并给出详细的修改建议，极大地减轻教师负担，使教师能够将更多精力投入教学设计与个性化指导中，提升教学体系的效能。

（五）构建支撑一流教师教育的数字化资源体系

为了实现计算机专业学科课程体系与教学体系的改革创新，高校应构建支撑一流教师教育的数字化资源体系。丰富且优质的数字化资源能够助力教师提升教学水平、优化教学内容，从而推动整个教学体系的升级。

一方面，高校应建立涵盖计算机专业前沿知识、经典案例、教学方法创新等多方面内容的数字化知识库。教师可随时从中获取最新的行业动态，如新型算法的研究进展、计算机硬件的创新成果等，并将其融入课程教学中，保证课程内容的时效性与先进性，完善课程体系。同时，数字化知识库中的优秀教学案例和教学方法能为教师提供教学灵感、帮助教师创新教学手段，如基于项目式学习的课程设计、问题导向的教学模式等，增强教学体系的吸引力与实效性。

另一方面，高校应开发多样化的教学素材资源库，包括高清教学视频、动画演示、互动式课件等。例如，对于计算机图形学等抽象性较强的课程，教师利用动画演示能够将复杂的图形变换原理直观地呈现给学生，降低学习难度，提升教学效果。教师还可根据自身教学风格和学生特点，对这些素材进行个性化组合与加工，丰富教学内容的呈现形式，优化教学体系。

此外，高校应搭建教师交流与协作的数字化平台。在这个平台上，教师可以分享教学经验、交流教学心得，共同探讨课程体系建设中的问题与解决方案。通过跨校、跨地区的交流合作，教师能够拓宽视野，学习到先进的教学理念与方法，提升自身专业能力，为教学体系改革创新提供坚实的师资保障。

（六）构建数字化的卓越教师培养体系

构建数字化的卓越教师培养体系是信息时代下计算机专业学科课程体系与教学体系改革创新的重要支撑。数字化技术能够为教师培养提供更高效、更精准的途径，提升教师队伍的整体素质。

从培养内容来看，高校应设置数字化的专业发展课程，涵盖计算机专业的最新技术、教育技术的应用、教育心理学在计算机教学中的实践等。教师通过线上学习这些课程，能够不断更新知识结构，掌握先进的教学技术，如利用虚拟现实技术开展计算机实验教学、借助学习管理系统进行教学过程管理等，进而优化课程体系与教学体系。

在培养方式上，高校可采用线上线下混合式培训模式，线上部分，高校可利用直播课程、在线研讨、虚拟工作坊等形式，为教师提供便捷的学习渠道。教师可以随时随地参与培训，与专家、同行进行交流互动。线下部分，高校则组织集中培训、实地观摩、教学实践指导等活动，让教师在实践中提升教学能力。例如，高校组织教师到企业实地参观，了解计算机技术在实际生产中的应用，以便教师更好地将企业实际需求融入课程教学，完善课程体系。

此外，高校应建立教师数字化成长档案。通过记录教师在培训过程中的学习表现、教学实践成果、学生反馈等数据，对教师的成长过程进行全面跟踪与评估。根据评估结果为教师提供个性化的发展建议，帮助教师发现自身优势与不足，有针对性地提升教学水平，推动教学体系的持续改进。

第三节　计算机专业核心课程教学改革创新

计算机专业核心课程教学改革创新是提升教学质量的关键。通过整合最新技术、更新课程内容、强化理论与实践相结合，可培养学生的创新思维与问题解决能力。计算机专业核心课程教学改革创新旨在培养适应信息时代需求的计算机专业高素质人才，为行业发展注入新活力，推动教育与社会需求的深度融合。

一、高级语言程序设计课程教学改革创新

就高级语言程序设计课程而言，其教学改革创新意义重大，旨在全方位提升学生编程能力和解决实际问题的能力，为信息时代输送专业素养过硬的人才。通过优化课程内容、增加实践环节，不仅能有效激发学生的学习兴趣，还能显著提高教学效果。

（一）C 语言程序设计课程教学内容的调整

在信息时代，高校教师积极投身于 C 语言程序设计课程教学改革创新。教师整理了海量 C 语言编程实例，并将这些实例按三个层次在教学过程中逐步呈现给学生，以此提高课堂教学质量。这三个教学层次分别为：基础学习，掌握语法结构；拓展案例，解决实际问题；项目案例，激发学习兴趣。

1. 基础学习，掌握语法结构

学生掌握语法结构是编写程序的基石。在信息时代的编程环境中，没有正确语法，程序根本无法通过编译，更无法检验任何编程思想。因此，掌握正确的程序设计语言语法结构，是学生建立编程思想、解决实际问题的基础。教师应帮助学生打好语法基础，现有教材里关于语法知识的例题都能很好地说明问题。以程序设计的三种结构简单举例。顺序结构：求三角形的面积问题等；分支结构：求分段函数问题等；循环结构和分支结构嵌套：找水仙花数，找素数问题等。这些例题求解思路明确，特别适合用于解释程序结构，是现有教材中的经典例题。在计算机专业核心课程教学改革创新背景下，这些基础语法例题的教学，能为学生后续复杂编程学习筑牢根基。

2. 拓展案例，解决实际问题

为满足学生需求，在学生掌握教材相应知识点后，教师应从教学案例资源库中精心选取一些解决生活中实际问题的案例，让学生思考练习，并加以讲解。一方面可提高学生的学习兴趣，另一方面，教师在讲解过程中有意识地渗透当前计算机领域的前沿科技，如大数据处理、人工智能算法实现中的编程应用等，培养学生的大数据思维，使其能紧跟信息时代步伐。这也是计算机专业核心课程教学改革创新中，拓宽学生视野、提升其专业素养的重要举措。

3. 项目案例，激发学习兴趣

C 语言程序设计课程要求学生学完课程内容后，完成相应的课程综合实训练习，即设计一个小项目系统。教师设计了一个简单的项目系统——个人财务管理

系统，它贯穿于整个程序设计教学过程。这既激发了学生的学习兴趣，又帮助学生对课程综合实训练习做好心理和知识准备。这样的项目案例契合计算机专业核心课程教学改革创新的理念，让学生在实践中提升编程能力，为今后应对信息时代复杂项目需求积累经验。教学案例的整理使得在C语言程序设计课程中开展分层教学极具可操作性，让教师能够依据具体案例，贯彻“从程序中来，到程序中去”的教学指导思想，逐步提高学生的编程能力，以适应信息时代对编程人才的要求。

（二）探索高效的课堂教学方法

在信息时代，传统教学方法难以满足计算机专业核心课程教学改革创新的需求。支架式教学作为建构主义教学模式下较为成熟的教学方法之一，在高级语言程序设计课程教学中展现出独特优势。在教育活动中，学生可凭借父母、教师、同伴及他人提供的辅助物完成自己原本无法独立完成的任务，这些辅助物就是“支架”。

心理学家维果茨基的“最近发展区” 理论为教师如何以助学者身份参与学习提供了指导，也对“支架”做出了明晰阐释。维果茨基将存在于学生已知与未知、能够胜任和不能胜任之间，学生需“支架”才能完成任务的区域称为“最近发展区”。教师在教学活动中要创造“最近发展区”，向学生提供“支架”，助力学生顺利穿越“最近发展区”，并获得进一步发展。教学还需保持在“最近发展区”内，教师应根据学生实际需要和能力，不断调整和干预“支架”，利用“支架”培养学生的探究能力，最终解决问题。

在高级语言程序设计课程教学中，学生理解与内存“绑定”有关的概念内容时困难重重，如变量名和变量名对应的值、变量的存储类型、变量的生命周期和可视域、函数的定义和调用、函数的参数传递等，这些概念抽象且难以理解，却是跟踪调试程序、理解程序运行机制的关键。在计算机专业核心课程教学改革创新进程中，解决这些教学难题至关重要。高级语言的实现方法属于编译原理与编译方法课程研究范畴，编译原理是高级语言程序设计课程的后继课程，在编译原理关于目标程序运行时的存储组织课程内容中，清晰说明了程序运行时栈式存储的典型划分。

在实际教学中，教师虽无法给学生详细解释编译原理，但在讲解C语言中与程序存储分配有关的概念时，如变量的生命周期和可视性及函数参数传递方式，可将上述知识作为“支架”，引导学生观察和理解变量在程序运行期间的存储位置和活动过程，合理设计教学过程，帮助学生顺利完成这些较难理解的概念的学习。同样，在高级程序设计语言中，函数参数传递分为值传递和地址传递两种方式，学生理解不同参数传递方式下程序运行结果时困难较大。此时，教师可借助编译原理课程中的编译系统，该系统可根据各个函数的调用顺序，为函数活动记录分配相应存储区。函数活动记录包括函数参数个数、函数临时变量等内容，在教学设计时作为知识“支架”，帮助学生直观理解两种函数参数传递方式的差异。教学团队在探索高质量教学实践时，将“支架”引入C语言概念教学，将编译原理中有关程序运行时存储分配的知识作为“支架”，帮助学生掌握变量的生命周期和可视性、函数参数传递方式等难以理解的概念，有效突破教学难点，提高课堂教学质量，推动计算机专业核心课程教学的改革创新。

二、软件工程课程教学改革创新

在信息时代，计算机专业核心课程教学改革创新刻不容缓，软件工程课程教学改革创新意义非凡，旨在培育拥有创新思维与卓越实践能力的软件工程人才。通过大力强化实践教学、积极引入最新技术，教师助力学生掌握软件开发的全过程，显著提升学生团队协作与项目管理能力，充分契合软件行业迅猛发展的迫切需求。

（一）软件工程课程教学改革创新的背景

在信息时代的浪潮中，软件工程课程作为计算机专业的一门关键课程，在计算机专业核心课程体系中占据着重要地位。因其兼具极强的理论性与实践性，长期以来一直是计算机专业学科教学的难点所在。在当今数字化社会，软件开发广泛应用于各个领域，软件工程无疑是从事软件开发工作的人必须掌握的核心知识与技能。对于未来有志投身软件开发行业的学生而言，扎实掌握软件工程学知识至关重要。

随着信息时代的飞速发展，软件工程技术更新迭代的速度越来越快，这对学科教学提出了更高要求。当下，不少学校采用基于项目的教学法开展教学。然而，课堂教学中的项目实践与软件真实的开发环境相比，仍存在较大差距，具体表现为：用户需求与软件架构均由教师预先设定，项目开发流程相对固定，为确保课堂教学顺利推进，需将项目控制在可控范围内，并且用户需求不会出现不兼容或不合法的状况[①]。此外，软件工程课程的教学内容是针对较大规模软件项目开发

① 贵州师范大学智慧教育研究中心．智能时代教育教学创新实践案例集[M]．重庆：西南大学出版社，2024.

设计的，诸多知识建立在丰富的实践经验之上。而传统板书式教学侧重于理论知识传授，学生大多缺乏实际项目开发经历，不具备相关经验，难以精准把握软件工程课程的关键要点，致使软件工程课程教学仅停留在表面形式，学习效果大打折扣。因此，在计算机专业核心课程教学改革创新的大背景下，积极探索软件工程课程的改革创新具有重要的现实意义。

对软件工程课程教学进行改革创新应达成以下目标：以市场需求为改革创新导向，以应用型人才培养为核心目标，依据社会需求明确培养方向，构建适应多层次需求的课程体系，全面强化素质教育，充分调动学生学习的主动性与积极性，使学生在理论与实践两方面的能力均有效提升。同时，教师应积极学习国内软件人才培养的成功经验，对教学模式、教学方法、教学内容设置、课程设置等方面进行全方位改革创新。教师应以软件企业的实际需求为根本依据，以工程化为培养方向，大力改革创新软件工程课程的人才培养模式，致力于培养出具备一定竞争力的复合型、应用型软件工程技术人才，以满足信息时代软件行业对高素质人才的迫切需求。

（二）软件工程课程教学的改革创新

在信息时代下计算机专业核心课程教学改革创新的浪潮中，以模拟教学法开展软件工程教学具有重要意义。这能让学生在更为贴近现实的软件开发环境里进行相关理论与技术的学习，围绕教学内容精心模拟软件开发环境。

软件工程课程的模拟教学离不开模拟器的助力。具体而言，模拟器需满足以下要求：其一，能够精准体现软件工程课程的基本原理与技术，让学生牢牢把握学科核心要点；其二，能够全面反映通用的和专用的软件过程，契合信息时代多样化的软件开发需求；其三，操作者可进行信息反馈，便于其作出合理决策，培养学生解决实际问题的能力；其四，易操作且响应速度快，提升教学效率，适应快节奏的信息时代学习进程；其五，允许操作者之间进行交流，符合团队协作开展软件开发的现实情况。

综合国内软件工程课程的模拟教学实际情况，当前在计算机专业核心课程教学改革创新的大背景下，软件工程课程主要借助三种模拟器实施模拟教学，分别为业内或专用的模拟器、游戏形式的模拟器、支持群参与的模拟器。

1. 业内或专用的模拟器教学法

业内使用的模拟器高度综合了当下通用或者专用软件开发过程中的特定问

题，诸如软件开发中的成本计算、需求分析、过程改进等。它由模拟器向操作者提供输入指令，操作者进行信息输入，最终实现结果输出。在模拟过程中，操作者可依据中间结果，灵活对有关参数和流程进行调整与改变。在运用业内或专用的模拟器教学法时，通常从简单任务起步，随着教学推进，模拟过程不断深入，循序渐进增加任务难度，进而实现对软件开发周期的全面覆盖，使学生逐步掌握复杂的软件开发流程与技术。

2. 游戏形式的模拟器教学法

鉴于业内或专用的模拟器随着模拟深入，任务难度持续加大，加之考虑到学生实际水平等因素，在教学实施方面存在一定挑战。此外，在业内或专用的模拟器教学中，尽管操作者能够调整参数，但交互性欠佳，给学生使用带来不便。而采用游戏形式实现软件工程模拟，更能激发学生的兴趣，提高其学习的积极性。游戏形式的模拟器一般具备以下功能：一是以技术引导操作者完成软件开发，助力学生掌握技术要点；二是能够演示一般的和专用的软件开发过程技术，丰富学生的知识储备；三是能够对操作者作出的决策进行反馈，帮助学生优化决策；四是操作难度小且响应速度快，符合学生的学习习惯；五是具备交互功能，增强学生的参与感。

3. 支持群参与的模拟器教学法

在信息时代的软件开发实际场景中，通常由团队协作完成项目，团队成员间的交流与合作是影响软件开发成效的关键因素。支持群参与的模拟器的显著特点是对团队工作环境的模拟，借助模拟器实现群体的讨论与交互。在支持群参与的模拟器教学法中，每一部分的参与者都能够通过模拟器实现相互间的讨论与交流，培养学生团队协作能力，为其日后投身软件开发项目做好充分准备，这也是计算机专业核心课程教学改革创新对学生综合素养培养的重要体现。

三、数据结构课程教学改革创新

计算机专业核心课程教学改革创新成为必然趋势，数据结构课程教学改革创新的重要性愈发凸显。其旨在强化学生逻辑思维与算法设计能力，极大提升学生解决复杂问题的能力。其借助实践导向的教学方法，助力学生更好地掌握数据组织与管理技巧，为软件开发筑牢根基，从而紧密契合信息时代下行业对专业人才的多元需求。

（一）数据结构课程综合设计要求

在信息时代的知识体系中，数据结构课程作为计算机专业核心课程的关键部分，主要聚焦于线性表、树、图等数据结构的特点及其基本操作。其中，线性表难度相对最低，与C语言课程内容衔接最为紧密，为学生进一步深入学习数据结构知识搭建了基础桥梁；而树和图的难度较高，对学生的综合素养与学习能力提出了更高要求。鉴于教学内容的特性，并充分考虑学生学习能力和水平的差异，在计算机专业核心课程教学改革创新的指引下，教师在设计数据结构课程题目时，秉持层次教学思想，将题目划分为基础题和培优题。基础题主要源自教学资源题库中的系统类题目，所设计的模块旨在让学生在基于C语言课程实践完成的系统基础之上，灵活运用数据结构知识加以完善，将两门课程的连续性巧妙融入题目中，使学生能够更直观、具体地领悟两门课程的侧重点，深化对知识体系的理解与构建。培优题则以教学资源题库中的算法题为主，所设计的模块主要是为学有余力的学生提供自我挑战的平台，使其对复杂数据结构及其应用场景形成初步认知。智能算法综合实践题目的模块设计充分兼顾学生的能力和水平，在整个算法框架下，每一个模块都具备独立检验性。学生在选择这类综合实践题目时，可通过多种方式获取分数。其一，学生能够选择独立完成，若独立完成所有模块且能确保正确运行，便可获得满分；若完成必须完成的模块后，在可选模块中仅完成一部分，也能取得较为满意的分数。其二，允许学生组成小组进行分工协作，各自完成所有模块，共同协作实现一个完整的智能算法，以此培养学生的团队协作与沟通能力，契合信息时代对复合型人才的能力需求。

（二）数据结构课程综合设计的改革创新

在计算机专业核心课程教学改革创新的大背景下，数据结构作为软件工程专业的一门基础课程，其重要性不言而喻。教师通过深入分析这门课程的教学侧重点，精准确定课程对学生能力要求的连续性和差别性。在设置这门课程综合实践题目时，教师应充分借助教学资源题库中的综合设计类题库，以简单系统设计为切入点，采用逐步完善系统的方法，将该课程所要求的知识点以模块的形式巧妙添加到系统功能设置中。如此设置充分考虑了大部分学生的学习能力和技能水平，让学生真正做到学以致用，对课程所要求的知识点形成具体且连贯的认识，切实提升学生的知识掌握程度与应用能力。同时，在数据结构综合实践课程中，教师应紧密结合复杂数据结构在智能算法中的应用场景，精心设置运用智能算法模块实现的题目，为优秀学生提供开启高级智能算法学习的关键钥匙，进一步提升学生的编程能力和专业素养，实现培养学生运用专业知识解决领域问题的目标，为信息时代输送具备扎实专业知识与创新能力的高素质计算机专业人才 。

数据结构课程教学改革创新的重要性：强化学生逻辑思维与算法设计能力，提升其解决复杂问题的能力；通过实践导向的教学方法使学生更好地掌握数据组织与管理技巧，为软件开发打下坚实基础，使其适应行业需求。

四、数据库原理与应用课程教学改革创新

数据库原理与应用课程教学改革创新意义重大，其旨在提升学生数据管理与分析能力，强化理论与实践深度融合，显著提高课程教学质量，以契合信息时代对计算机专业人才的多元要求。

（一）数据库原理与应用课程教学改革创新的背景

在信息时代，数据呈爆炸式增长，数据库技术作为信息和计算科学领域的基础及核心技术之一，其重要性不言而喻。数据库原理与应用课程作为计算机专业的核心课程，其教学质量不仅直接影响学生后续课程的学习成效，更对学生毕业设计质量起着关键作用，进而关系到计算机专业人才的整体培养质量。在计算机专业核心课程教学改革创新的大背景下，要实现数据库原理与应用课程的改革创新，必须以培养应用型、创新型人才为目标。高校应深入剖析该课程在计算机人才培养中的作用与地位，精准找出课程教学中存在的问题，从教学内容、实验教学、创新能力培养、教学方法、教学手段及课程考核等多维度入手，推进数据库原理与应用课程的改革创新，为培育高素质、高技术的应用型和技能型计算机人才提供坚实保障。

在实际工作场景中，数据库技术广泛应用于各个行业。为使学生毕业后能迅速适应工作需求，具备企业所需的应用能力与技术能力，高校提升数据库原理与应用课程的教学质量、推进教学改革迫在眉睫。在数据库原理与应用课程教学过程中，教师不仅要重视数据库理论知识的传授，更应着重培养学生的实际操作能力，切实做到理论联系实际。数据库原理为应用提供理论依据和保障，应用反过来为原理提供实践佐证。通过整合、优化二者的关系，再结合课堂教学、课内实验、综合课程设计等教学环节，让学生在学习数据库原理的同时进行实际应用，既能加深学生对原理的理解，又能增强其实际运用数据库技术的能力，全面提升学生分析问题、解决问题、创新及实际应用的能力，为学生后续课程学习和未来就业筑牢根基。

（二）数据库原理与应用课程教学改革创新的实践

在信息时代的教育环境下，课程的理论与实践联系愈发紧密。通过深入探索和研究数据库原理与应用课程的特点，在计算机专业核心课程教学改苣创新的指引下，对数据库原理与应用课程的改革创新可从以下几方面展开。

1. 以理论与实践并重为原则开展教学

（1）以理论与实践并重为原则对教学大纲进行修订

数据库原理与应用课程的教育目标是培养契合社会需求的数据库应用人才，这类人才既要有扎实的理论功底，又要善于灵活运用知识，具备创新能力。结合招聘单位对人才的需求及专业培养目标和定位，高校应每年定期组织教师修订教学大纲，并严格要求教师依照修订后的大纲开展教学。高校应适当精简数据库部分次要的理论内容，大力强化数据库的实验教学。此外，该课程除常规的理论教学和实验教学外，还设置了综合课程设计，作为课程常规教学的延伸与深化。在数据库原理与应用课程教学改革进程中，可对课时进行合理调整，从理论课程课时中抽出部分分配至实验课程，为学生创造更多实践机会，提升其实践能力。同时，依据课时变化对相关教学内容进行调整。鉴于理论课程课时减少，适当删减理论性较强的内容；因实验课程课时增加，适时加入数据库操作、权限管理、数据库访问接口和数据库编程等内容，有效提升学生的实践与应用能力，让学生及时接触新技术，助力其未来就业。

（2）构建完善的数据库知识体系

在知识领域，数据库原理与应用基础理论秉持必需、够用原则，以掌握原理、强化应用为重点，在教学中坚持理论与应用并重，构建完善的数据库知识体系。课堂教学在注重理论教学、精选教学内容、突出重点的同时，关注各知识模块间的联系，因为各知识点并非孤立存在的。在教学中注重运用关系数据理论指导数据库设计阶段的概念结构设计和逻辑结构设计，借助关系数据理论、数据库设计、数据库安全性和完整性等知识，指导学生建立一致、安全、完整和稳定的数据库应用系统，以适应信息时代对数据库应用的高标准要求。

2. 采用实验模块培养学生的应用与创新能力

在数据库原理与应用课程中，实验教学是巩固基本理论的关键环节，更是提升学生实践操作能力和创新思维的核心路径。在信息时代，通过与理论教学有机结合，实验教学能助力学生更深入地理解课程内容，激发其学习兴趣，实现学以致用。实验课程设计的连贯性、延续性及创新性，可有效调动学生学习的积极性，使其在实际项目中灵活运用所学知识。实验教学的根本目的在于培养学生的应用能力、创新能力和科学探索精神，塑造高素质、实践能力强的创新型人才。在计算机专业核心课程教学改革创新的背景下，如何科学设计数据库原理与应用课程的实验内容、合理组织实验模块，成为课程改革创新的关键问题。教师应依据课程教学目标和课程体系要求，精心挑选实验模块，确保实验设计符合先进教学理念，全面提升实验教学质量。具体而言，数据库原理与应用课程的实验模块应与理论教学内容紧密衔接，围绕数据库应用系统设计展开，且实验分为验证型、设计型和综合型三类。在这些实验中，学生既能运用软件工程基本原则进行数据库应用系统设计，又能通过实践深化对理论的理解，实现理论与实际相结合，培养综合能力，最终提升创新思维和应用技能，以满足信息时代对人才创新能力的需求。

3. 采用多元化教学方法与手段激发学生的学习兴趣

在数据库原理与应用课程教学中，合理组合不同教学方法和手段，始终以学生为中心，采用案例教学法、项目驱动教学法、启发式教学法等多元化教学方法，能实现优势互补，显著提高教学效果。这些教学方法的灵活运用，为学生提供更多实践、自学和创新机会，激发学生学习的主动性，提升其探索精神与创造力。案例教学法通过教师引导，结合教学目标和内容需求，从实际案例出发，提出、分析并解决问题，让学生从实例中抽象出一般性结论，提升理论联系实际的能力。启发式教学法在攻克教学难点时作用显著。在数据库原理与应用课程中，关系型数据库设计重要且复杂，关系规范化理论是课程难点之一，在教学中极为关键。教师将案例教学法与启发式教学法相结合，激发学生自主思考与分析，使其在深入讨论和思考中理解理论、掌握知识，化解学习难点。例如，教师讲解图书借阅管理系统的数据库设计时，可采用学生熟悉的典型案例。在案例中，学生需思考如何设计合适的关系模式，围绕“此关系模式是否满足应用开发需求”这一问题，教师通过启发式提问，引导学生从数据存储、插入、删除和修改等多维度分析，最终认识到关系模式的优缺点，并探索优化方法。通过集体讨论，学生不仅能掌握关系模式设计的理论和方法，还能通过实践加深对知识点的理解，从而将理论应用于具体项目开发中，提升学生在信息时代解决实际问题的能力。

第四章　信息时代下计算机基础课程教学创新研究——以线上线下混合式教学为例

计算机基础课程线上线下混合式教学的理论基础和可行性分析的重要性在于，它们为教学模式的创新提供了坚实的支撑和保障。理论基础确保了教学模式的科学性和有效性，而可行性分析则评估了教学模式的实施条件和潜在效果，有助于规避风险，优化教学方案，确保教学顺利进行。

第一节　计算机基础课程线上线下混合式教学前期分析

计算机基础课程线上线下混合式教学的前期分析至关重要。这一模式结合了传统课堂教学的互动性和在线学习的灵活性，旨在优化教学资源配置、提高教学效率。

前期分析需考虑学生的信息技术基础、学习习惯及需求，确保线上平台的选择和资源能够满足不同层次学生的学习需求。同时，教师需做好充分的课前准备，包括线上教学资料的设计、发布与更新，以及线下课堂活动的规划与组织。

前期分析还应涵盖技术平台的稳定性和易用性，确保线上学习过程的顺畅进行。通过全面的前期分析，教师可以更有效地实施线上线下混合式教学，提升计算机基础课程的教学质量和效果。

一、计算机基础课程线上线下混合式教学前期分析内容

计算机基础课程线上线下混合式教学前期分析内容，主要包括对学生背景、

兴趣及能力的分析，教学内容与资源的整合设计，以及技术平台的选择与学习环境的准备，确保教学活动针对性强、资源丰富、技术稳定，为教学实施奠定坚实的基础。

（一）对象分析

在计算机基础课程线上线下混合式教学的准备阶段，对教学对象的深入分析是不可或缺的。这一步骤的核心在于全面把握学生的学习背景与兴趣偏好、信息技术能力、学习需求与目标，从而为后续的教学设计和策略制订提供依据。

1. 学习背景与兴趣偏好

了解学生的专业背景、计算机课程的学习经历，以及他们对计算机学科的兴趣程度，有助于教师设计出既符合学生认知特点又能激发学生学习兴趣的教学内容。例如，对于已有一定编程基础的学生，可以引入更高级的语言和项目实践；而对于初学者，则需注重基础概念和操作技能的巩固。

2. 信息技术能力

评估学生的信息技术能力，包括他们对常用办公软件、编程环境、在线学习平台的熟悉程度，有助于教师合理安排线上学习的技术门槛，确保每位学生都能顺利参与线上活动，避免因技术障碍影响学习效果。

3. 学习需求与目标

通过问卷调查、访谈等方式收集学生对计算机基础课程的学习需求与目标，可以帮助教师设定更加贴近学生实际需求的教学目标和评估标准，同时能激励学生积极参与学习过程，提升学习动力。

（二）教学内容与资源设计

在明确了教学对象的特征后，教师需要精心设计线上线下相融合的教学内容与资源，确保教学活动既具有深度又易于学生接受。

1. 课程内容整合

教师结合线上线下教学的优势，将理论讲解、案例分析、实践操作等内容合理分配于线上自学和线下讨论、实验之中。线上部分可以侧重于基础知识讲解、视频教程、在线测试等内容，便于学生灵活安排学习时间；线下部分则更多地进行深度讨论、问题解决、团队协作等活动，以增强师生互动和学习深度。

2. 教学资源开发

根据课程内容，教师开发高质量的在线教学资源，如教学视频、PPT、电子教材、在线题库等，确保资源的准确性、时效性和趣味性。同时，高校应建立资源共享平台，便于学生随时访问和学习。

3. 个性化学习路径

考虑到学生间存在的差异性，教师应设计多条学习路径，为不同基础和需求的学生提供定制化的学习方案，鼓励学生自主学习和探索，促进其个性化发展。

（三）技术平台与环境准备

技术平台的选择与环境的搭建，堪称线上线下混合式教学成功实施的核心与关键。在信息时代，多样化的技术平台涌现，教师需综合考量功能特性、易用程度、稳定性及成本等因素。在环境搭建方面，不仅要确保网络稳定，还需配置适配的硬件设备，如高清摄像头、降噪麦克风等，保障线上教学质量。教师精心挑选平台与搭建环境，能为混合式教学筑牢根基，让教学活动顺利开展，提升教学效果。

1. 线上平台选择

根据教学内容和学生特征，教师应选择合适的在线学习平台，这些平台能够提供课程发布、在线测验、讨论论坛、作业提交等服务，支持教师高效地管理线上教学活动。

2. 技术稳定性与易用性测试

在正式开课前，教师应对所选平台进行充分测试，确保系统稳定、界面友好、操作简便，避免技术故障影响教学进度和学生体验。

3. 线下环境布置

对于线下教学部分，教师需要合理规划教室布局，配备必要的计算机设备、投影仪、网络连接等，创造一个有利于小组讨论、实践操作的学习环境。

计算机基础课程线上线下混合式教学的前期分析是一个系统而细致的过程，它涉及对学生、内容、技术等多维度的深入考量，旨在为教学活动的顺利开展奠定坚实的基础，确保每位学生都能从中获得有效学习，提升信息素养，为未来的学习和职业生涯打下良好的基础。

二、计算机基础课程教学目标分析

在高校计算机基础课程教学大纲中，高校计算机基础课程的教学目标如下。第一，学生能了解、掌握计算机理论性基础知识，能提高计算机基本操作技能，能初步解决工作、学习、生活中的常见问题。第二，学生能掌握利用计算机技术获取、处理、分析和发布信息的过程，形成良好的信息素养和勤奋学习的态度。第三，学生能树立知识版权观念，养成自觉遵守法律规定、抵制不良信息的好习惯。综合高校计算机基础课程教学大纲及国家职业技能标准，具体目标分析如下。

（一）知识与技能

学生了解计算机软硬件系统、键盘操作及输入法、工作原理、信息安全，以及数制的转换；会系统基本操作，如文件操作、网络运用、办公软件使用等；能使用相关软件进行图片、音频和视频的处理。

（二）过程与方法

在当今数字化和信息化的时代，计算机已经成为学生学习和探究知识不可或缺的工具。学生可以利用计算机进行问题分析、理解、探究及实践，这一过程不仅能够提升他们的学习效率，更能够培养他们的科学思维和解决问题的能力。

首先，计算机为学生提供了一个强大的问题分析平台。通过利用专业的软件和分析工具，学生可以对复杂的问题进行拆解、模拟和预测，从而更深入地理解问题的本质和内在规律。这种分析过程不仅能够提升学生的逻辑思维能力，还能够提升他们的创新思维和实践能力。

其次，计算机是学生对知识进行理解和探究的重要工具。通过互联网和在线教育资源，学生可以轻松地获取海量的信息，从而拓宽他们的视野和知识面。同时，他们还可以利用计算机进行在线实验和模拟探究，通过动手实践来加深对知识的理解和掌握。

最后，学生可以利用计算机进行更加深入和系统的学习。他们可以通过线上学习平台自主选择适合自己的学习内容和进度，与来自不同地域、不同背景的学习者进行交流和讨论。这种学习方式不仅能够打破时间和空间的限制，还能够促进学生的自主学习和终身学习能力的培养。

此外，讨论学习和合作探究也是学生利用计算机学习时不可或缺的重要方法。

学生可以利用在线讨论板、社交媒体等工具与他人进行实时的交流和互动，分享彼此的学习心得和见解。同时，他们还可以组建线上学习小组，共同探究和解决问题，通过团队协作来提升学习效率和质量。

（三）情感态度与价值观

在当今信息技术高速发展的时代，教育模式也在不断地创新与变革。线上线下混合式教学作为一种新兴的教学模式，正逐渐成为培养学生全面发展的重要途径。这种模式不仅融合了线上资源的便捷性和线下互动的深刻性，更为学生提供了一个多元化、个性化的学习环境。

通过线上线下混合式教学，学生能够在丰富的在线资源中自主选择学习内容，根据自己的节奏和兴趣进行深度学习。同时，线下的互动环节则为学生提供了与教师、同学面对面交流的机会，有助于他们更好地理解知识、解决问题。在这样的学习环境中，学生不仅能够掌握扎实的学科知识，更能够逐步形成良好的信息素养和勤奋学习的态度。

信息素养是现代人必备的基本素质之一。在线上学习过程中，学生需要学会如何高效地获取信息、筛选信息、评估信息及利用信息进行创新。这种能力的培养不仅能够帮助学生更好地适应信息化社会，还能够提升他们的自主学习能力和终身学习能力。而勤奋学习的态度则是学生取得优异成绩、实现个人价值的关键。在线上线下混合式教学中，学生需要自主安排学习时间、制订学习计划，这种自主性的培养有助于他们形成勤奋、自律的学习习惯。

除了信息素养和勤奋学习的态度，线上线下混合式教学还能够促进学生团队合作精神和职业道德素质的提升。在线协作工具使得学生能够跨越时空限制，与团队成员进行实时沟通和协作。这种协作过程不仅能够提升学生的团队协作能力，还能够培养他们的责任感和集体荣誉感。同时，职业道德素质的提升也是线上线下混合式教学的重要目标之一。在教学过程中，教师可以通过案例分析、角色扮演等方式，引导学生认识职业道德的重要性，帮助他们树立正确的职业观和价值观。

三、计算机基础课程教学内容分析

高校计算机基础课程教学大纲将课程内容划分为必修模块和职业模块（选修）。必修模块涵盖计算机基础知识、操作系统使用、互联网应用、文字处理软件应用、电子表格处理软件应用、多媒体软件应用及演示文稿软件应用七个单元。

根据课程内容的不同，教学内容可进一步细分为理论性较强、操作实践较多及理论与实践并重的部分。

其中，计算机基础知识中的计算机原理和信息安全、互联网应用中的网络基础、IP地址和网络分类等理论性较强的内容，侧重于理解与记忆，主要依靠教师的讲解完成知识目标的学习。与此相对，键盘操作、网络操作及办公软件（如文字处理、电子表格、演示文稿等）则更侧重于操作实践。此类内容需要在实验机房中进行系统的指导和操作练习，以帮助学生掌握实际操作技能。对于计算机软硬件相关知识、网络基础及互联网操作等模块，理论和实践结合更为紧密。在这一过程中，学生不仅能理解理论知识，还能通过实践将其应用于具体场景中，从而使计算机基础教学达到更高层次的教学效果，并符合教学大纲中对学生情感态度和价值观的要求。

在高校计算机基础课程教学中，采用线上线下混合式教学时，教师需根据课程内容的特点进行灵活的教学设计，确保不同内容的教学目标能够顺利实现。同时，课时安排应根据各教学单元的不同需求及具体教学时段做出适当调整。通常，计算机基础课程将在三个学期内完成，涵盖一学年和二学年的第一学期，尤其对于会计、电子商务、物流等计算机应用专业的学生来说，扎实掌握计算机基础知识是后续专业学习的关键。

四、计算机基础课程教学环境分析

在柏林模型中，教学环境被视为影响教育结果的重要因素，具体来说，它属于前期决定范畴的教学媒体与条件范畴。根据这一模型，线上线下混合式教学环境涵盖了线下的现实教学环境和线上的虚拟教学环境两大部分。两者相互补充，形成了一个多维度的学习平台，特别是在计算机基础课程中，线下教学环境通常指的是计算机机房，这是学生接受计算机基础教学的关键场所。

然而，随着数字化教育的发展，线上虚拟教学环境逐渐成为计算机基础教学中必不可少的组成部分。借助智慧职教平台，教师可以创建更加灵活、多样的在线教学模式。教师需在平台进行注册，选择教师身份，并提供必要的个人信息，如工号和真实姓名；学生则需填写学校、班级、学号等信息，并可以将自己的账号与微信号绑定，以便进行更紧密的互动。

“云课堂—智慧职教”是智慧职教平台提供的一款移动端应用，旨在支持学生自主学习和教师授课。通过该平台，学生可以随时随地访问丰富的学习资源，并利用强大的题库进行自测，同时可远程访问文档和视频等教学资源。教师在登录后，可通过个人中心进入职教云，创建课程并设置班级信息，限定班级人数。学生通过扫描二维码或填写邀请码即可加入班级，并需经过教师审核。

一旦虚拟教学环境构建完成，教师可以通过“课程设计”功能进一步细化课程内容，设计学习模块，上传视频、课件、作业等多种资源，建立一个完整的小型在线课程。除此之外，教师还可以从职教云、资源库、慕课等平台导入外部学习资源，进一步丰富课程内容。

随着国家对职业教育布局的优化，越来越多的地区通过建立职教园区打破了学校之间的界限，推动了教育资源的共享与合作。在这些园区内，不同学校的相关专业教师可以共同开发具有地域特色的小型在线课程，这些课程不仅符合当地产业需求，还能帮助学生更好地融入本地的就业市场。职教园区作为一个联合体，向智慧职教平台申请课程建设，教师通过集体协作精心设计和筛选学习资源，确保课程内容既有趣又符合专业要求。

第二节　计算机基础课程线上线下混合式教学的理论基础

我们积极探寻计算机基础课程线上线下混合式教学理论的原因：传统计算机基础课程教学模式往往难以兼顾不同学生的学习节奏和能力差异，而线上线下混合式教学能够充分利用互联网资源的丰富性和便捷性，为学生提供更加灵活多样的学习方式，提升他们的自主学习能力和团队协作能力。通过理论探索，我们可以更好地理解和应用这种教学模式，从而优化计算机基础课程的教学效果，培养出更多具备扎实计算机基础知识和良好信息素养的优秀人才。

一、明确计算机基础课程线上线下混合式教学的理论的必要性

在构建计算机基础课程线上线下混合式教学模式时，认识主义、关联主义、行为主义等学习理论意义重大。认知主义学习理论助力教师通过线上资源帮助学生理解知识，线下活动深化认知，提升知识理解深度与认知结构的完善度。关联主义理论让学生借助线上资源构建知识网络，线下交流拓展连接，提升知识综合

运用能力。行为主义学习理论促使学生借助线上练习、线下纠错强化技能记忆，牢固掌握计算机基础操作。这些理论协同作用，全面提升学生的学习效果，满足学生的多元学习需求，提升教师的教学质量，推动教育顺应信息化趋势，培养契合时代需求的计算机基础人才，为计算机基础课程教学的发展注入强大动力。

（一）提升教学质量，确保学习成效

拥有坚实理论基础的线上线下混合式教学，宛如为计算机基础课程教学质量的提升注入了强劲的助推剂。从认知主义学习理论的视角出发，线上教学资源的精心打造无疑是知识传递的关键一环。教师耗费大量心血制作的教学视频，以生动形象的动画、深入浅出的讲解，将计算机基础课程中晦涩难懂的概念，如计算机网络知识中IP地址的复杂编址规则、子网掩码的精确划分原理，操作系统中的进程管理机制、存储管理策略等，以及抽象的原理知识，直观地呈现在学生眼前。学生在观看视频、研读讲解文档的过程中，大脑积极运转，主动对这些知识信息进行筛选、分类、整合与加工，尝试在自己的认知体系中构建条理清晰的知识框架。

线下课堂则是深化知识理解的重要阵地，教师匠心独运地组织小组讨论、复杂案例分析等丰富多样的教学活动。在小组讨论环节，学生围坐在一起，各抒己见，思维的火花激烈碰撞。例如，在探讨计算机网络故障案例时，学生依据线上所学的网络知识，从网络拓扑结构的合理性、IP地址分配的准确性、网络协议配置的正确性等多个角度展开深入分析。在你来我往的交流中，学生对知识的理解从表面的知晓逐渐深入到对知识内在逻辑和应用场景的领悟，认知结构得到全方位的优化与完善，从而确保学生不仅能够熟练掌握计算机基础知识，更能够理解知识背后的深刻内涵，切实保障学习成效，大力提升教学质量。

在线上学习板块，依托行为主义学习理论精心搭建的教学平台，拥有海量的练习题与逼真的模拟操作学习资源。学生沉浸其中，反复对计算机基础操作知识与技能展开练习，像Windows系统中文件的精细管理、文件夹的有序创建与层级规划，Office办公软件中Word文档的排版技巧、Excel数据处理的复杂运算与图表生成，以及PowerPoint演示文稿中的创意设计与逻辑布局等内容，均在多次练习中得以强化。而每次操作完成后，系统即时给出的反馈，无论是“操作正确”的提示弹窗，还是得分增加的数字跳动，都如同在学生学习的道路上点亮了一盏盏明灯，持续强化着他们对正确操作的记忆与理解，夯实其知识掌握程度。

在线下课堂教学中，教师肩负着至关重要的使命。他们深入剖析学生在线上练习过程中出现的高频错误，针对这些错误，在课堂上进行严谨细致的现场演示。教师通过逐步拆解操作步骤，从鼠标的精准点击位置，到键盘快捷键的巧妙组合运用，为学生清晰地呈现正确操作的全过程。并且，在学生进行模仿操作时，一旦发现错误，教师迅速进行纠正，以耐心的指导和专业的讲解，促使学生在脑海中牢牢印下正确的操作方式，逐渐形成稳定且规范的行为习惯，真正做到将计算机基础技能内化于心、外化于行。

（二）契合多元需求，促进全面发展

完备的理论基础宛如一把钥匙，为线上线下混合式教学开启了满足学生多元需求的大门。关联主义理论为学生构建知识网络提供了清晰的指引。线上教学平台汇聚了海量来自不同渠道、不同视角的计算机基础课程相关资源，从专业的在线教程、前沿的技术论坛帖子，到开源项目的真实代码示例，应有尽有。学生在搜索、筛选这些资源的过程中，如同在知识的星空中寻找璀璨的星星，将不同的知识节点巧妙地连接起来，初步搭建属于自己的个性化知识网络。例如，在学习编程语言基础时，学生不仅能在线上了解到不同编程语法的特点，还能接触到它们在各类实际项目中的具体应用案例，从而将抽象的语法知识与生动的应用场景紧密相连，形成稳固的知识关联。

在线下课堂，学生与教师、同学进行面对面的深度交流互动。在交流过程中，学生积极分享自己在线上学习过程中建立的知识关联和遇到的困惑难题。教师则凭借丰富的教学经验和敏锐的洞察力，根据学生的交流情况，巧妙引导学生发现更多潜在的知识关联，进一步拓展和优化学生的知识网络。这种教学模式充分尊重学生的个体差异，无论是偏好自主学习、独自探索知识奥秘的学生，还是热衷于社交互动、在团队协作中共同进步的学生，其需求都能得到充分满足。学生在这种个性化与协作化相结合的学习环境中，知识储备不断丰富，思维能力持续提升，综合素质全面发展，为未来的学习和生活奠定坚实的基础。

（三）顺应教育变革，培养时代人才

在教育信息化飞速发展的当下，线上线下混合式教学凭借其深厚的理论基础，敏锐地顺应了这一教育发展的趋势。认知主义学习理论从知识理解和认知结构构建的角度，指导教师精心设计线上教学资源，使学生能够高效地掌握知识核心。行为主义学习理论为教学方法的创新提供了实践层面的依据，借助线上教学平台强大的交互功能，学生可以进行反复的练习与即时的反馈，这种高频次的刺激与强化，有效提升了学生的学习效果。两者相互配合，充分发挥线上技术的便捷性、资源的丰富性以及传播的高效性等优势，让学生随时随地都能获取优质的教育资源，自主开展学习活动。

与此同时，线下课堂的互动特点也在理论的指引下得以充分发挥。教师可以组织小组讨论、项目实践等活动，培养学生的协作学习能力。在小组讨论中，学生围绕特定的计算机基础问题展开热烈讨论，共同探索解决方案，在交流与合作中学会倾听他人意见，提升团队协作能力。在项目实践活动中，学生需要运用所学知识，共同完成一个复杂的项目任务，如开发一个小型的计算机应用程序，从需求分析、设计架构到编码实现、测试优化，每个环节都需要学生之间密切协作。这种线下互动式教学，不仅能够培养学生的问题解决能力，还能够锻炼学生的沟通能力和团队协作精神。

这种线上线下混合式教学模式，与现代教育培养适应信息时代需求人才的目标高度契合。在信息时代，社会对人才的要求不只局限于知识的掌握，更注重学生的自主学习能力、创新思维能力及协作沟通能力。线上线下混合式教学通过理论指导下的教学方法创新，让计算机基础课程教学紧跟时代的步伐，为学生提供适应未来社会发展的学习体验，帮助学生在学习过程中不断提升自身能力，为其未来的职业发展和个人成长奠定坚实的基础，培养出一批批能够在信息时代浪潮中勇立潮头的优秀人才。

（四）优化资源配置，提高教学效率

合理且完善的理论基础犹如一位精准的指挥家，保障了教学资源的优化配置。线上教学平台凭借强大的技术支撑，宛如一个巨大的知识宝库，能够高效地传播海量的知识资源。无论是计算机基础课程中的基础知识讲解，如计算机硬件组成、操作系统基本原理等，还是进阶的专业知识，如编程语言的高级特性、数据库管理系统的优化策略等，都能通过图文、视频、音频等多种形式，快速、准确地传递给学生。学生可以根据自己的学习进度和需求，随时随地访问这些资源，实现自主学习。

线下课堂则专注于复杂问题的解决和情感交流。当学生在学习过程中遇到疑难问题，如在计算机编程中遇到复杂的算法逻辑错误，或者在计算机网络配置中遇到无法连通的故障时，线下课堂面对面的教学优势便凸显出来。教师可以通过详细的讲解、现场的演示，帮助学生剖析问题产生的原因，引导学生找到解决问题的思路和方法。同时，线下课堂也是师生、学生之间情感交流的重要场所。教

师可以通过观察学生的课堂表现，及时了解学生的学习状态和心理需求，给予学生必要的关心和鼓励。学生之间也可以通过交流互动，分享学习经验和心得，营造良好的学习氛围。

基于认知主义学习、行为主义学习等理论，教师能够清晰地明确线上基础知识传授与练习、线下项目实践与交流讨论的分工。线上教学侧重于知识的初步传授和基本技能的训练，通过大量的练习题和模拟操作，帮助学生巩固知识、强化记忆。线下教学则聚焦于知识的应用和拓展，通过实际项目的开展，培养学生的综合应用能力和创新思维。这种明确的分工有效避免了教学资源的浪费，使线上线下教学资源相互补充、协同作用。教师可以依据理论合理规划教学内容和教学活动，将最适合线上教学的知识模块安排在线上教学环节，将需要深度讨论和实践操作的内容安排在线下课堂。学生能够按照理论指导，有针对性地进行学习，充分利用线上线下的教学资源，提高学习效率。这种全方位的资源优化配置，极大地提升了教学资源的利用效率，进而显著提高教学效率，让计算机基础课程教学更加高效、有序地开展。

二、计算机基础课程线上线下混合式教学的理论

线上线下混合式教学模式需要在多个理论共同指导下构建，不应局限于一个理论视角。综合来看，这些理论应包括人本主义学习理论、认知主义学习理论、关联主义理论、香农－施拉姆传播理论、行为主义学习理论，这些理论为线上线下混合式教学的设计、构建、组织、实施提供了依据。

（一）人本主义学习理论

自 20 世纪 50 年代以来，人本主义学习理论如同一股清新的春风，悄然在教育领域生根发芽，成为当代教育理论的支柱。这一理论通过独特的人文关怀和个体潜能发展的视角，为教育改革提供了新的思路和方向。

马斯洛和罗杰斯等人本主义学习理论的代表人物，深刻洞察到学习的本质并非简单的知识灌输或行为塑造，而是一个个体潜力不断挖掘与展现的过程。他们主张，教育的真正使命在于激发学生的内在动机，点燃他们心中对知识的渴望和对成长的追求。罗杰斯更是明确提出，教学的终极目标是促进学生的全面成长，这不仅包括知识的积累，更涵盖了情感、态度、价值观等多方面的发展。

为了实现这一目标，罗杰斯强调教学方法的灵活性和多样性。他认为，没有一种固定的教学方法能够适用于所有情境和学生，教师应根据具体的教学情境和

学生的独特需求，巧妙地选择和运用教学方法。这种以学生为中心的教学理念，要求教师在教学实践中不断探索和创新，以取得最佳的教学效果。

在教材的选择上，人本主义学习理论同样秉持着以学生为中心的原则。合适的教材应当与学生的现有知识结构和能力水平相契合，既不过于简单，让学生感到乏味，也不过于复杂，让学生望而生畏。这样的教材能够激发学生的学习兴趣，帮助他们在学习中发挥自主性，使其更有效地掌握新知识，并理解和运用它们。

教师的能力在人本主义教学实践中显得尤为重要。罗杰斯指出，教学是一项高度专业化的技术性工作，它要求教师不仅要具备扎实的专业知识，更要掌握有效的教学方法，做到因材施教。这意味着教师需要深入了解每个学生的特点，包括他们的兴趣、爱好、学习习惯等，以便采取最适合他们的教学方法，从而激发学生的学习热情，培养他们的自信心和创造力。

此外，人本主义学习理论还高度重视学生的自主学习能力。在快速发展的社会中，人的多样化能力、独立个性和创新思维成为衡量人才的重要标准。然而，传统的教学模式往往过于注重知识的传授和成绩的竞争，忽视了对学生真正能力的培养。人本主义学习理论则强调，教师应为学生营造一个自由、开放、充满支持的学习环境，鼓励他们主动探索、自主学习，从而培养他们的自主学习能力，让他们成为学习的主导者。这样的教育理念不仅有助于学生的个人成长，更能为社会的进步和发展注入源源不断的活力。

（二）认知主义学习理论

认知主义起源于格式塔心理学派，认为人类通过头脑中的反映形成对客观世界的知识，而这些知识具有迁移性，能够跨情境应用。因此，认知主义学习理论的核心在于通过教学促进知识的迁移，帮助学生将学到的知识在不同的学习环境中有效应用。虽然环境在学习过程中起到了一定的作用，但认知主义学习理论认为环境的影响最终需要通过学生的内在心理活动来实现。该理论主张，学习无处不在，生活本身就是知识的源泉，学习是贯穿整个生活的过程。

认知主义在教学实践中要求教师根据学生的心理发展状态来设计课程内容和教学策略，使其与学生的认知结构相契合。这样的教学设计可以激发学生的积极性和主动性，让学生更有效地吸收新知识，并通过学生自我探索和思考的过程，促进知识的深入理解与掌握。

然而，传统教学模式由于种种限制，往往将教师置于学习活动的核心地位，教师需要承担发起、组织、监督和评估等多重任务。这样教师难以兼顾每个学生的个体差异，往往导致教学模式的单一化，无法充分照顾到学生的个性需求。这也是传统教育容易变成“知识复制”模式的原因之一。线上线下混合式教学模式的出现，正是教育理念和科技发展的产物。该模式强调在合适的时机，使用恰当的技术手段，以最有效的方式帮助学生掌握所需的知识与技能。它通过将传统教学模式中高效性和师生情感互动的优势，与线上教学的自由、灵活性和资源共享优势结合起来，优化了知识迁移的过程。在这一过程中，教师不仅发挥引导和监督作用，还能激发学生的主动性和创造性，推动知识的有效迁移和学生自主学习能力的提升。

线上线下混合式教学模式以学生为中心，课前的学习材料和任务设计都根据学生的认知水平、兴趣点和已有知识基础进行安排，从而最大限度地激发学生的学习兴趣和思考能力。这一模式不仅促进了学生间的相互学习，还形成了纵向和横向的双重监督机制，确保了学习活动的多维度推动。课堂内外资源的充分利用，使得教师能够集中精力关注学生的个性化发展，课后交流平台的使用进一步拓展了课堂的时间和空间，使得学习不再局限于课堂时间，学生随时可以与教师进行互动和讨论。教师还可以利用科学的分析方法来评估学生的学习情况，并根据学生的反馈调整教学内容和教学方法，以更好地满足学生的学习需求与发展目标。

（三）关联主义理论

关联主义理论是乔治·西蒙斯提出的符合网络时代发展特征的理论[①]。学习（被定义为动态的知识）可存在于我们自身之外（在一种组织或数据库的范围内）。学习发生在模糊不清的环境中，没有固定的要求和界限。关联主义理论是一种适用于数字时代的学习理论。

1. 关联主义理论的主要原理

在关联主义理论中，知识被视为一个持续演变、生生不息的动态过程，而非一个静止不变、可以牢牢把握的实体。它不再局限于某个孤立的节点之内，而是如同繁星点点，在广阔的认知宇宙中，通过无数强弱交织的连接，构建出一个错综复杂又精妙绝伦的知识网络。这些节点既可以是具体的概念、理论，也可以是抽象的思想、经验，它们在相互交织中拓展了知识的深度和广度。

---

① 曾铮 . 信息化背景下高校计算机教育教学改革的方向与实践探究 [J]. 太原城市职业技术学院学报，2020（9）：93-95.

在学习中，学生不只是知识的接受者，更是知识的编织者和网络的构建者。他们通过对这些节点的深入探索与相互关联，不断地扩展和重构自己的知识网络，使之成为一个充满活力、不断进化的有机体。这一过程不仅是对知识的简单积累，更是一种对知识内在逻辑与外在联系的深刻洞察与把握。

现代技术，特别是电子工具的广泛应用，为这一知识网络的构建提供了前所未有的便利。它们如同知识的加速器，极大地简化了知识获取的途径，使得学生能够跨越时空的限制，迅速接触到全球范围内的信息。更重要的是，这些工具还赋予了学生前所未有的灵活性与自主性，使他们能够根据自己的需求和兴趣，自由地调整和拓展自己的知识网络，实现真正的个性化学习。

在这样的背景下，持续学习的能力显得尤为重要。面对日新月异的社会环境和不断涌现的新知识，学生必须具备灵活的调整能力和敏锐的洞察力，及时更新自己的认知结构和知识连接，保持知识网络的动态性和开放性。只有这样，他们才能在知识的海洋中乘风破浪、不断前行。

在这一过程中，学生有效识别并建立有意义的节点连接成为提升学习效率的关键。学生需要学会从纷繁复杂的知识网络中筛选出真正有价值的信息，将它们巧妙地串联起来，形成自己的知识脉络和思维框架。同时，他们还需要具备批判性思维和创新能力，敢于对现有的知识进行质疑，通过不断的探索和实验，推动知识的更新。

学习的真正目的不是简单地接收和存储知识，而是促进知识的流通与更新。这一过程涉及从知识的更新、传播到个性化应用，再到更新的循环往复。在这一循环中，知识如同一条奔腾不息的河流，不断地在更新、传播、应用中演化和发展。学生通过参与这一过程，不仅能够获得丰富的知识和技能，更能够培养独立思考、勇于创新的精神和能力，为个人和社会的进步贡献自己的力量。

2. 关联主义视角下的学习内容与学习过程

在当今多元且复杂的教育理论中，关联主义理论占据着极为关键的地位。关联主义理论强调，学习的核心要义在于知识网络的构建与连接，这一理论彻底革新了传统理论对于学习的狭隘认知。学习不只是局限于个体认知层面的内在渐进式发展，其更蕴含着与广袤外部世界中形形色色信息源展开深度互动的丰富内涵。

在信息时代，知识的总量呈几何倍数激增，每天海量的信息如潮水般涌来。据统计，互联网上每分钟就会产生数以百万计的新数据。在如此浩渺如烟海的信息中，精准地筛选出真正具有价值的信息，犹如在茫茫沙海中寻觅璀璨的珍珠，成为一项至关重要的能力。与此同时，仅仅筛选出信息还远远不够，如何将这些零散的信息进行有效的整合，使其从无序走向有序，构建一个有机的知识网络，并能在实际场景中灵活应用，更是现代人所必须具备的关键能力。

关联主义赋予了学习一个更为宏大且广阔的视角。它明确指出，学习本质上是个体与外部信息持续不断相互作用的动态过程。学生就如同在知识的浩瀚星空中探索的行者，通过在不同的知识之间建立起千丝万缕的联系，并依据实际情况灵活地调整这些联系，实现知识网络的不断优化与拓展。例如，在学习计算机编程的过程中，学生不仅要掌握编程语言的语法规则等基础知识，还要将其与实际的项目开发需求、不同编程框架的应用场景等建立联系。通过这种联系的建立，学生对编程语言的理解不只是停留在书本中的抽象概念上，而是能深刻领悟其在实际应用中的精妙之处。更为重要的是，在这个过程中，学生能够凭借已建立的知识网络，在更广阔的网络空间中探寻到更多的优质资源和多元信息。这些丰富的资源和信息如同点点繁星，进一步照亮了学生的知识探索之路，激发出其潜藏的创造力和创新思维。

从个人层面来看，这一过程无疑极大地促进了个人知识结构的不断完善。学生不再是孤立地学习一个个零散的知识点，而是构建起一座相互关联、层次分明的知识大厦。每一次新的知识联系的建立，都如同为这座大厦添砖加瓦，使其更加稳固和宏伟。从团队和组织的视角出发，当团队中的每个成员都积极投身于这样的学习过程中时，个体之间的知识网络也会相互交织、相互影响。成员之间可以通过分享各自的知识联系和学习经验，实现知识的流动与共享，进而推动整个团队和组织的知识网络不断升级，为团队和组织的整体发展注入源源不断的强大动力。例如，在一个软件开发团队中，不同成员在各自的学习过程中建立了关于不同技术领域的知识联系，通过团队内部的交流与协作，这些知识联系得以整合，从而提升整个团队在软件开发过程中的创新能力和解决复杂问题的能力，助力团队在激烈的市场竞争中脱颖而出，实现长远发展。

（四）香农 - 施拉姆传播理论

在信息传播研究中，香农 - 施拉姆传播理论占据着极为重要的地位。它是在香农最初提出的传播模式的基础上，经历了理论的深化与拓展而形成的。香农早期的传播模式侧重于信息的单向流动，而随着对传播现象理解的深入，施拉姆等学者意识到信息传播并非简单的线性过程，于是加入了反馈机制，成功构建了一个双向互动的循环信息传递模型。这一理论上的重大突破，彻底改变了人们对信息传播的传统认知，不再将信息传播局限于从发信者到接收者的单向路径，而是着重强调发信者与接收者之间的互动性，为后续传播学研究及诸多领域的应用奠定了坚实的基础。

香农－施拉姆传播理论由信源、编码、信道、译码、信宿、反馈、干扰七个不可或缺的元素构成。信源，作为信息的起始点，代表着信息的发出者。例如，在计算机专业学科教育场景中，教师在课堂上传授知识，此时教师便是信源，他们将自身储备的专业知识、行业前沿信息等进行整合，准备向外传递。编码，这一环节至关重要，它是将信息转换为适合传播的信号的过程。在上述例子中，教师通过语言表达、课件制作、运用多媒体展示等方式，把抽象的计算机专业知识转化为能够被学生感知的声音、图像、文字等信号，以便后续通过特定信道进行传递。信道，即信号传递的媒介，在现代教育环境中，课堂空间、在线教学平台、网络通信线路等都可成为信道。学生在课堂上通过听觉、视觉等感官接收教师发出的信号，或者通过网络平台接收在线课程视频，这些都是信号通过信道传输的体现。译码，则是与编码相对应的反向过程。信宿（信息的接收者，在这里就是学生），可将接收到的信号重新转化为信息。学生需要理解教师所讲的语言含义、解读课件中的图表数据，将这些信号还原为知识信息，完成译码。反馈，则是区别于传统单向传播模式的关键元素，它是接收者对发出者传递信息的回应。学生在课堂上通过提问、表情反馈，或者在课后提交作业、参与课程评价等方式，向教师反馈自己对知识的掌握程度、对教学内容的理解情况等，这就是反馈机制的具体体现。干扰，它是整个传播过程中不可忽视的因素，它可能来自外部环境，如课堂外的嘈杂声、网络信号的不稳定，也可能来自内部，像学生自身注意力不集中、知识储备不足导致其对某些信号理解困难等，这些干扰都会影响信息传递的准确性和完整性。

香农－施拉姆传播理论的核心要点在于信源和信宿的经验领域必须有所重合。以计算机专业课程教学为例，教师若想有效地向学生传授最新的人工智能算法知识，教师自身不仅要有深厚的专业知识积累，还需了解学生已掌握的编程基础、数学知识水平等。只有当教师（信源）所具备的专业知识与学生（信宿）已有的知识基础和学习经验有交集时，信息传递才能顺利完成。教师将人工智能算法知识编码后发送，学生通过自身知识体系和学习经验进行译码，将其恢复成可理解的信息。倘若教师在讲解时完全脱离学生已有的编程和数学基础，使用过于高深、学生从未接触过的概念和方法，即信源与信宿的经验领域完全不重合，那么学生将难以理解教师所传达的信息，信息传递就会失败。因此，信息传递的效果与信源和信宿经验领域的重合程度紧密相连，两者的经验领域重合部分越多，信息传递就越顺畅高效。通过反馈机制，接收者能够及时向发出者提供信息接收与理解的情况。比如学生反馈对某一算法的理解困难，教师就可以根据这一反馈调整教学策略，如采用更通俗易懂的例子重新讲解，或者补充相关基础知识，对信息内容进行修正，从而实现更为精准的信息传递，不断优化信息传递的效果。

在线上线下混合式教学模式中，香农－施拉姆传播理论宛如一盏明灯，为教学活动的优化开展提供了极具价值的深刻启示。

从反馈机制的构建来看，教师可通过众多行之有效的途径加以落实。在线测试便是一种高效获取学生学习进展反馈的方式。教师可以借助各类在线教学平台，如学堂在线、雨课堂等，定期发布与课程内容紧密相关的测试题。这些测试题的题型丰富多样，涵盖了单选题、多选题、简答题及编程实践题等，全面考查学生对知识的掌握程度。例如，在计算机编程课程中，教师可设置在线编程测试，让学生在规定时间内完成特定功能的代码编写，系统能够即时评判代码的正确性，并将学生在语法运用、算法逻辑等方面的问题反馈给教师。教师由此清晰知晓学生在编程知识板块的薄弱环节，进而在后续教学中对相关知识点进行重点讲解与强化训练。

讨论板同样是反馈机制的重要组成部分。在课程讨论区，教师可以抛出一系列具有启发性的问题，引导学生展开讨论。比如在讲解计算机网络安全知识时，设置 “如何应对常见的网络攻击手段” 这样的话题，让学生各抒己见，分享自己的见解。教师不仅能从学生的讨论中了解他们对知识的理解程度，还能洞察学生的思维方式和关注焦点。此外，学生之间的互动讨论也能产生新的观点和思路，这些都为教师调整教学计划提供了丰富素材。教师可依据学生在讨论板上的反馈，适时调整教学进度，对于学生理解困难的部分，额外安排案例分析或专题讲解；对于学生掌握较好的内容，则可以适当加快教学节奏，引入更具挑战性的拓展知识，以此确保教学活动始终保持高度的针对性和有效性。

教师在设计教学内容时，深入考量学生已有的经验是确保教学成功的关键。在线上线下混合式教学环境下，教师可通过课前问卷调查、在线预习任务完成情况分析等方式，精准把握学生的知识基础和学习经验。以计算机专业的人工智能课程为例，在课程开始时，教师向学生发放问卷，了解他们是否有过编程语言学习经历、对数学基础（如线性代数、概率论）的掌握程度及是否接触过简单的机器学习概念等。基于这些反馈信息，教师在设计教学内容时，可从学生熟悉的编程基础和简单数学知识入手。比如教师在讲解神经网络模型时，可先回顾学生已掌握的线性代数中的矩阵运算知识，通过矩阵运算来直观展示神经网络模型中神经元之间的连接权重计算过程，让学生轻松理解该知识。随着课程的推进，教师可逐步引入新的概念和复杂算法，不断拓宽学生的知识边界。教师在讲解深度学习算法时，结合学生之前学习的机器学习基础，通过对比两者的异同点，引导学生深入思考，促进其认知的不断深入与发展。这样的教学内容设计能够让学生在已有的经验基础上稳步前行，逐步提升知识水平和认知能力，充分体现香农 - 施拉姆传播理论中信源与信宿经验领域重合对信息有效传播的重要性。

（五）行为主义学习理论

行为主义学习理论秉持学习乃刺激与反应间联结的观点，在计算机基础课程线上线下混合式教学中，这一理论有着极为广泛且深入的应用。线上教学平台精心准备了海量的练习题及高度仿真的模拟操作学习资源。以 Windows 系统操作练习为例，系统设置了从基础的文件管理、窗口切换到复杂的系统设置等一系列循序渐进的练习题。学生在反复操作这些练习题时，每一次成功完成操作，如精准地在资源管理器中创建文件夹并命名，系统便会即时弹出提示“操作正确”，并且在练习得分板块相应加分。这种即时的积极反馈就像给学生大脑中的记忆“开关”施加了一次正向刺激，强化了学生对该操作步骤和流程的记忆，促使他们对 Windows 系统操作知识与技能的掌握愈发牢固。

而在线下课堂，教师扮演着关键的纠错与强化角色。教师会收集学生在线上练习中频繁出现错误的操作类型，比如在 Excel 数据处理中，学生对函数运用的错误率较高。教师便会在课堂上进行现场演示，详细讲解函数的正确使用方法，如纵向查找函数如何实现数据的精确匹配查找。同时，教师会邀请学生上台模仿操作，一旦学生出现错误，教师立即进行纠正，再次给予学生强烈的刺激，加深他们对正确操作的印象，帮助学生逐步形成稳定且正确的行为习惯，使其切实掌握计算机基础技能。

第三节　计算机基础课程线上线下混合式教学的可行性分析

在国家宏观政策支持、信息技术进步、高校教师信息化教学能力提升和高校学生信息素养提升等条件下，高校计算机基础课程实施线上线下混合式教学是可行的。

一、计算机基础课程线上线下混合式教学的可行性依据

教育者明确计算机基础课程线上线下混合式教学可行性依据，对教育实践意义重大。从教学改革层面来看，计算机基础课程作为培养学生计算机基础技能的关键科目，其教学模式的革新迫在眉睫。教育者应精准判断革新的教学模式能否在现有条件下有效实施，为教学改革指明方向，避免盲目尝试造成资源浪费。

对于学生而言，了解计算机基础课程线上线下混合式教学可行性依据关乎学习体验与效果。若线上线下混合式教学切实可行，意味着他们将拥有更丰富多元的学习路径，线上资源可随时自主学习，线下课堂能及时答疑解惑，充分满足不同的学习习惯与节奏。从教育发展角度而言，明晰计算机基础课程线上线下混合式教学可行性依据能推动教育适应时代需求，让计算机基础教学紧跟信息化步伐，培养出契合当下社会需求的复合型人才。因此，人们探寻计算机基础课程线上线下混合式教学可行性依据是优化计算机基础教学、促进教育进步的必要前提。

（一）国家宏观政策的支持

教育部发布了一系列具有深远影响的政策文件，这些文件犹如明灯，照亮了教育信息化的发展道路，并将其确立为提升教育质量、拓宽教育资源、促进教育公平的关键战略。在这些文件中，教育信息化被赋予了前所未有的重要地位，不仅明确勾勒出教育信息化的发展蓝图，还特别强调了线上线下混合式教学模式的推广与实践，视其为连接传统教育与现代科技的桥梁。

关于教育信息化及线上线下混合式教学的最新政策与动态，教育部官方网站上的检索功能可以引领我们进入信息的海洋。在检索框中键入“教育信息化”，瞬间涌现的上千条记录仿佛一面镜子，映照出教育部对这一领域不遗余力的推动和持续深入的探索。这些记录内容丰富，从宏观的政策解读到微观的具体实施案例，从前沿的理论研究到丰富的实践探索，全方位、多角度地展示了教育信息化的发展现状和未来趋势。

同样，当我们输入“线上线下混合式教学”时，也能迅速获得上百条相关信息，这些信息如同一扇扇窗，让我们窥见了线上线下混合式教学的独特魅力。它们不仅详细阐述了线上线下混合式教学的概念、特点，以及相较于传统教学模式的显著优势，还通过丰富的应用实例，展示了线上线下混合式教学在不同学科、不同教学场景下的灵活应用和创新实践。这些宝贵的参考和启示，无疑为教育者提供了强有力的支持，激发了他们探索和实践线上线下混合式教学的热情。

尤为值得关注的是，教育部制定的《教育信息化“十三五”规划》这一纲领性文件，为教育信息化的发展指明了方向。该规划不仅强调了要积极推动在线开放课程与线上线下混合式教学的改革创新，还从政策层面为线上线下混合式教学模式的深入实践提供了坚实的保障。这一举措不仅彰显了教育部对线上线下混合式教学的高度重视，更为广大教育者提供了广阔的发展空间和无限的可能。

在国家政策的大力支持下，线上线下混合式教学作为教育信息化的重要表现和应用形式，正逐步成为教育改革与发展的新趋势。未来，随着技术的不断进步和教育理念的持续更新，线上线下混合式教学将迎来更加广阔的发展空间和更多的创新可能。教育者将不断探索和实践，将这一模式更加深入地融入日常教学中，为学生提供更加灵活、高效、个性化的学习体验，推动教育信息化迈向新的高度。

（二）信息技术的进步

在高校计算机基础课程运用最新信息技术的过程中，学生所获得的不仅是最前沿的技术知识，更是一次全面提升信息素养的宝贵机会。这些课程通过精心设计的教学内容和实践活动，让学生在亲身参与中逐步掌握信息技术的核心原理与操作方法，进而学会如何灵活运用这些技术来解决实际生活中遇到的各种问题。这种理论与实践相结合的教学模式，不仅加深了学生对信息技术本质的理解，更在实践中提升了他们的技术应用能力，为他们日后在信息化社会中立足奠定了坚实的基础。

与此同时，前沿信息技术的引入如同一股强劲的东风，极大地激发了学生学习信息技术的兴趣与热情。这些技术以其新颖性、互动性和趣味性，成功吸引了学生的注意力，使他们在探索与实践中不断发现新的乐趣与价值。学生在轻松愉悦的学习氛围中，不再将信息技术视为枯燥无味的理论知识，而是将其看作一种能够创造无限可能、实现自我价值的强大工具。这种积极的学习态度，无疑为计算机基础课程的教学注入了强大的动力。

这恰恰是计算机基础课程的教学目标——培养学生的信息技术应用能力，激发他们的创新思维与探索精神。在当今这个信息快速发展的时代，具备高素质与创新能力的复合型人才成为社会的迫切需求。高校计算机基础课程通过运用最新信息技术手段，不仅为学生提供了掌握先进技术的平台，更在潜移默化中培养了他们的创新思维、问题解决能力和团队协作能力。这些能力不仅是学生个人成长与发展的重要支撑，更是推动社会进步与创新的关键力量。

因此，高校计算机基础课程的改革创新，不仅是教育发展的需要，更是时代赋予我们的使命。我们应该继续探索和实践更多先进的教学方法与手段，为学生提供更加丰富、多元的学习体验，为未来的信息化社会培养更多具备高素质与创新能力的复合型人才。

（三）高校教师信息化教学能力的提升

信息化教学能力是衡量教师专业发展水平重要指标，也是反映教学质量能否紧跟时代需求的关键标准。它不仅要求教师在教学内容、教学方法、教学评价等核心教学要素上展现设计与创新能力，更强调教师应以信息技术为坚强后盾，灵活运用多样化的教学手段，持续提升自我，确保教学活动始终紧跟时代步伐，满足学生日益增长的多元化学习需求。

在高等教育中，教师正以实际行动诠释着信息化教学能力的重要性。他们不仅熟练掌握了各类信息技术的操作技能，能够在多媒体教学环境中游刃有余，更展现出敢于突破、勇于创新的精神风貌。他们不再满足于传统教学的框架，而是积极尝试并融合全新的教学方法与策略，如线上线下混合式教学、翻转课堂等，为教育信息化进程注入源源不断的活力。

为了助力教师信息化教学能力的提升，高校给予了全方位、多层次的支持。从国家级、省级的教育技术培训到校内定期的讲座和培训活动，学校为教师搭建了一个广阔的学习与交流平台。这些培训活动不仅让教师有机会接触到最前沿的教育技术理念和手段，拓宽了他们的视野，更提升了他们的专业技能，为教育技术在校园内的普及与应用奠定了坚实的基础。

此外，高校还依托其学科优势，开设了众多与信息技术紧密相关的学科专业，为相关任课教师提供了一个深入研究、探讨与实践的舞台。教师可以围绕信息技术在教育中的应用展开系统研究，共同探索如何将最新的技术手段有效融入教学实践中，以科技赋能教育，提升教学效果。同时，他们还积极将这些创新的教学方法和手段向学校的其他学科进行推广应用，形成了良好的示范效应，推动了整个校园教育信息化水平的提升。

信息化教学能力的提升是一个系统工程，需要教师的不断学习与实践，教师正以满腔的热情和不懈的努力，书写着教育信息化发展的新篇章。同时，教师信息化教学能力的提升需要学校的支持与引导，以及整个教育环境的共同推动。只有这样，我们才能培养出更多具备信息化素养和创新能力的优秀人才，为社会的信息化发展贡献力量。

（四）高校学生信息素养的提升

学生作为年轻一代，是伴随着互联网的蓬勃发展成长起来的一代，对网络世界有着天然的亲近感和深刻的理解。这一代人普遍对新鲜事物充满好奇，具备快速学习和适应新工具的能力，特别是在信息技术这一日新月异的领域，他们展现出值得关注的敏锐度和接受度。他们不仅对新技术的出现抱有极大的热情，更具备快速掌握并应用这些技术的能力。

对于教师在课堂中巧妙地运用信息技术手段，以及系统地讲授信息技术知识，学生普遍表现出浓厚的兴趣和高度的热情。他们不仅乐于接受这些新颖的教学方式，如多媒体教学、在线互动、虚拟现实体验等，更渴望将所学到的信息技术知识灵活运用到日常生活和学习中去，解决实际问题，提升自我能力。在他们看来，信息技术不仅是一种工具，更是一种思维方式，一种能够推动社会进步和个人成长的力量。

为了给学生创造一个更加便捷、高效的学习环境，大部分高校都在积极构建和完善校园无线网络体系。这些高校深知，无线网络不仅是连接校园各个角落的“信息桥梁”，更是学生获取知识和信息的重要通道。因此，它们不遗余力地确保教室、图书馆、公共学习区域等关键场所都能实现无线网络的全面覆盖。这样一来，学生无论是在上课听讲时想要查阅相关资料，还是在自主学习时需要搜索特定信息，或者在与同学讨论、与老师交流时想要分享某个网页或文件，都能随时随地连接网络，轻松获取所需的信息和资源。

这种便捷、高效的学习环境不仅极大地提升了学生的学习效率和积极性，更为他们提供了一个自由、开放、充满可能性的学习空间。在这个空间里，学生可以尽情探索未知领域，挑战自我极限，不断挖掘自己的潜力和创造力，而这一切都离不开高校对信息技术手段的巧妙运用和对校园无线网络体系的不断完善。

与此同时，随着通信技术的飞速发展和流量套餐的持续降费，学生手机的流量也变得更加充足，这为他们随时随地连接网络进行学习提供了极大的便利。在这样的网络环境下，学生已经养成良好的网络学习习惯，他们习惯于在遇到问题时立即打开手机网络，利用搜索引擎或相关应用去搜索答案，将搜索到的结果作为重要的、可信度高的信息来源进行参考。他们不仅善于从网络中汲取知识，还懂得如何辨别信息的真伪，积极筛选和整合有用的信息，以丰富自己的知识储备，提升解决问题的能力。

可以说，这一代学生已经深深地融入互联网的世界，他们不仅享受着互联网带来的便利和乐趣，更在不断地探索和创新中推动着信息技术与教育的深度融合，为未来的教育发展注入了新的活力。

（五）教学资源的丰富

在当今数字时代，互联网上存在着海量的计算机基础课程教学资源，这为线上线下混合式教学的开展提供了坚实的基础。

线上教学资源的丰富性首先体现在各类优质的教学视频上。这些教学视频由专业的教育机构、资深的教师及行业专家制作，涵盖了计算机基础课程的各个方面，从计算机的基本原理、操作系统的使用到编程语言的学习等。这些视频通常具有清晰的讲解、生动的演示和详细的步骤说明，能够帮助学生更好地理解复杂的概念和操作流程。例如，在讲解编程语言中的数据结构和算法时，通过动画演示和实际代码运行的展示，让学生能够直观地看到不同数据结构和算法的执行效率和效果，从而加深学生对知识点的理解。

除了教学视频，还有丰富的在线课程可供选择。许多知名高校和在线教育平台都推出了系统的计算机基础课程在线课程，这些课程往往经过精心设计，包含了课程大纲、教学课件、练习题、考试等完整的教学环节。学生可以根据自己的需求和水平，选择适合自己的在线课程进行学习。而且，在线课程通常具有互动性，学生可以在学习过程中随时提问、参与讨论，与教师和其他学生进行交流，共同解决学习中遇到的难题。

此外，互联网上还有大量的案例库。这些案例来自实际的项目和应用场景，能够让学生将所学的理论知识与实际应用相结合。通过分析和解决这些案例中的问题，学生能够更好地掌握计算机技术在实际工作中的应用方法和技巧，提高解决实际问题的能力。比如，在学习数据库管理时，学生可以通过分析企业数据库设计和管理的实际案例，了解如何根据不同的业务需求设计合理的数据库结构，以及如何进行有效的数据存储和查询优化。

对于线下教学而言，教师可以充分利用线上丰富的教学资源进行备课和教学设计。将线上的优质资源引入线下课堂，通过案例分析、小组讨论等方式进一步深化学生对知识的理解和应用能力。同时，线下教学可以组织学生进行实践操作，如编程实验、软件应用练习等，让学生在实际操作中巩固所学知识，提高动手能力。

总之，丰富的线上教学资源为计算机基础课程的教学提供了更多的选择和可能性，其与线下教学相结合，能够为学生打造一个更加全面、深入、个性化的学习环境，有效提升教学质量和效果。

（六）教学效果的提升

线上线下混合式教学模式在计算机基础课程中的应用能够显著提升教学效果，主要体现在以下几个方面。

首先，这种教学模式充分发挥了线上教学和线下教学的优势，形成互补。线上教学可以让学生根据自己的节奏和需求，自主学习基础知识和理论知识。学生可以反复观看教学视频、阅读电子教材和参考资料，直到理解为止。这种自主学习的方式能够培养学生的自主学习能力和独立思考能力。而线下教学则侧重于实践操作、项目训练和面对面的交流讨论。教师可以现场指导学生进行实验、解决实际问题，促进学生对知识的内化和应用。通过线上线下的有机结合，学生能够更全面、更深入地掌握计算机基础课程的知识和技能。

其次，线上线下混合式教学模式增强了教学的互动性和参与度。线上教学平台提供了多种互动方式，如在线讨论区、问答环节、小组协作等，学生可以随时与教师和同学交流想法、分享经验。线下教学中的课堂讨论、小组项目展示等活动，也能够激发学生的积极性和创造力。这种互动和参与能够让学生更好地理解和掌握知识，同时培养学生的团队合作能力和沟通表达能力。

再次，线上线下混合式教学模式能够满足不同学生的学习需求。每个学生的学习速度和方式都有所不同，有的学生擅长自主学习，有的学生则需要更多的面对面指导。线上线下混合式教学为学生提供了多样化的学习途径，让他们可以根据自己的特点选择最适合自己的学习方式，从而提高学习效果。

最后，通过及时的反馈和评价机制，教师能够更好地跟踪学生的学习进度和掌握情况。线上教学平台可以自动记录学生的学习时间、作业完成情况、测试成绩等数据，为教师提供客观的评价依据。教师可以根据这些数据及时调整教学策略，为学生提供个性化的辅导和支持。线下教学中的课堂表现、实践操作能力等方面的评价，也能够全面反映学生的学习成果。通过这种及时、全面的反馈和评价，学生能够清楚地了解自己的学习情况，及时调整学习方法和策略，进一步提高学习效果。

综上所述，线上线下混合式教学模式在计算机基础课程中的应用能够有效提升教学效果，培养学生的综合能力和创新思维，为学生未来的学习和工作打下坚实的基础。

（七）成本效益的考量

从成本效益的角度来看，计算机基础课程的线上线下混合式教学展现出极大的优势，为教育资源的优化配置和高效利用开辟了新的路径。

在成本削减方面，线上教学部分发挥了至关重要的作用。在传统教学中，教材的印刷、分发及更新换代所带来的成本是相当高的。然而，在线上线下混合式教学模式中，大量的学习材料可以以电子版的形式呈现，学生只需通过网络即可轻松获取，这不仅极大地降低了印刷和分发成本，还有助于实现资源的即时更新与共享。同时，随着学生对电子设备依赖性的增强，其对纸质教材的需求逐渐减弱，这进一步减少了相关成本支出。

教室的使用和维护成本也是一笔不小的开销。线上线下混合式教学允许学生在自己的时间和空间内完成部分学习任务，从而降低了对实体教室的依赖。尤其是在大规模在线课程中，学生无须集中到固定的教室中，这不仅释放了教室空间，降低了维护成本，还为学生提供了更加灵活和舒适的学习环境。

此外，教师的授课成本也在线上线下混合式教学模式中得到了优化。传统线下教学，教师需要在固定的时间和地点进行授课，这不仅限制了他们的教学灵活性，也增加了教学成本。而线上教学则打破了这一局限，教师可以通过录制课程视频或进行在线直播，形成可复用的教学资源库，学生可根据自身进度灵活观看回放，大大提高了教学效率。这种教学模式不仅减轻了教师的授课负担，还使他们能够更专注于教学内容的优化和创新。同时，线上教学还显著减少了教师因出差授课而产生的交通、住宿等费用，为教育机构节省了一定的开支。

在效益方面，线上线下混合式教学模式在提高教学资源利用效率方面展现出巨大潜力。线上教学资源，如视频教程、电子书籍和在线测试等，打破了时间和空间的限制，使得更多的学生能够共享和重复使用这些资源，避免了资源的闲置和浪费。这不仅提高了资源的利用率，还促进了知识的广泛传播和深入交流。

通过线上教学平台的数据分析功能，教师能够更全面地掌握学生的学习情况，包括学习进度、掌握程度和困难点等。这些实时反馈数据为教师提供了宝贵的教学参考，使他们能够及时调整教学内容和方法，以满足学生的个性化需求，进一步提高教学质量。

对于学生而言，线上线下混合式教学模式提供了前所未有的学习灵活性。他们可以根据自己的时间安排学习节奏，自由安排学习计划，不再受固定课表的束缚。这种学习方式不仅降低了因时间冲突而错过课程的风险，还激发了学生的学习主动性和参与度，使他们在轻松愉悦的氛围中掌握知识，提升学习效果。这种积极的学习态度和扎实的学术基础，无疑会为学生未来的职业发展奠定坚实的基础。

从学校和教育机构的长远发展来看，线上线下混合式教学模式同样具有重要意义。这种模式不仅能够提升学校的教学质量和学生的满意度，还能够提升学校的竞争力和声誉。在如今多元化、个性化的教育需求背景下，能够提供高质量、灵活多样的教学模式的学校，更容易吸引优秀的学生和教师，促进学校的可持续发展。这不仅有助于提升学校的整体实力，还能为教育事业的繁荣作出更大的贡献。

计算机基础课程的线上线下混合式教学模式在成本效益方面具有明显的可行性和优势。通过合理规划和有效管理，该模式可以在降低成本的同时提高教学质量和效益，为计算机基础课程的教学带来新的发展机遇。

二、计算机基础课程线上线下混合式教学的可行性困境

高校探寻计算机基础课程线上线下混合式教学的可行性困境意义深远。在教育革新进程中，高校明晰可行性困境是成功转型的关键。知晓困境，学校和教师方能精准定位教学阻碍，如技术、管理、师资等层面的问题，进而有的放矢地确定解决方案。

对于学生而言，了解这些困境有助于提升学习体验。当困境被识别并解决时，学生将告别因技术故障导致的学习中断，获得更适配自身基础与习惯的教学安排。从教育发展的角度看，唯有洞察困境，才能让线上线下混合式教学契合教育趋势，培养出符合时代需求的计算机人才。因此，高校挖掘计算机基础课程线上线下混合式教学的可行性困境，是推动计算机基础课程教学质量提升、促进教育进步的必要之举。

（一）技术难题与对策

技术难题：线上教学平台不稳定，常出现卡顿、掉线等情况，影响教学进度与学生学习体验；网络信号不佳，尤其是在偏远地区或网络使用高峰期，导致视频加载缓慢、教学直播中断；不同线上教学工具兼容性差，如部分软件在特定操作系统或设备上无法正常运行，影响教学资源的顺畅使用。

技术难题解决对策：学校与平台供应商紧密合作，定期对线上教学平台进行维护与升级，增加服务器带宽，优化平台架构，提高平台稳定性；为学生和教师提供多种网络接入方案，如推荐使用优质网络运营商，或在校园内加强无线网络覆盖与信号增强；在选择线上教学工具时，进行全面的兼容性测试，优先选用兼容性强、通用性高的软件，并针对可能出现的兼容性问题，提前准备备用方案。

（二）教学管理难题与对策

教学管理难题：线上线下教学环节的衔接困难，教学计划难以合理安排，易出现教学内容重复或脱节现象；对学生线上学习过程的监督难度大，学生可能存在挂机、刷课等不良学习行为，难以保证学习质量；线上线下混合式教学的考核评价体系不完善，难以综合全面地评估学生的学习成果，如线上作业、测试与线下实践、课堂表现的权重难以科学设定。

教学管理难题解决对策：成立专门的教学管理团队，负责协调线上线下教学安排，制订详细且合理的教学计划，明确各教学环节的时间节点与教学目标；利用技术手段加强线上学习监督，如通过学习平台的行为分析功能监测学生的学习时长、互动频率、答题情况等，及时发现学生的异常学习行为并进行提醒；构建多元化的考核评价体系，综合考虑学生的线上学习成绩、线下作业完成情况、实践操作能力、课堂参与度等多方面因素，科学设定各项考核指标的权重。

（三）师资难题与对策

师资难题：部分教师对线上教学技术掌握不足，难以制作高质量的教学视频，不能有效运用线上教学工具开展教学活动；教师在线上线下混合式教学模式中，需要同时兼顾线上线下教学，教学负担加重，精力分配困难；教师缺乏对线上线下混合式教学理论与方法的深入理解，难以将线上线下教学有机融合，教学效果不佳。

师资难题解决对策：定期组织教师参加线上教学技术培训，邀请技术专家进行授课，内容涵盖教学视频制作技巧、线上教学平台操作、互动工具使用等；学校合理调整教师教学工作量，给予承担线上线下混合式教学任务的教师适当的教学补贴或奖励，减轻教师精力负担；开展线上线下混合式教学理论与方法的专题培训、研讨会，鼓励教师进行教学研究与实践探索，提升教师对线上线下混合式教学的理解与应用能力。

（四）学生差异难题与对策

学生差异难题：学生的计算机基础水平参差不齐，基础薄弱的学生在线上自主学习时困难重重，跟不上教学进度；不同学生的学习习惯和学习能力差异大，部分学生缺乏自主学习能力，难以适应线上学习模式，而部分学习能力强的学生可能觉得教学进度过慢；学生对线上线下混合式教学的接受程度不同，部分学生更倾向于传统教学模式，对新的教学模式存在抵触情绪。

学生差异难题解决对策：在课程开始前，通过线上测试、问卷调查等方式了解学生的计算机基础水平，对学生进行分层教学，为基础薄弱的学生提供额外的辅导与学习资源，如基础知识讲解视频、一对一辅导等；根据学生的学习习惯和能力提供多样化的学习路径和资源，如为自主学习能力弱的学生制订详细的学习计划，为学习能力强的学生提供拓展性学习资料；加强对学生的宣传与引导，通过召开班会、举办讲座等形式，向学生介绍线上线下混合式教学的优势与特点，分享成功案例，帮助学生转变观念，提高学生对线上线下混合式教学的接受度。

（五）教学资源整合难题与对策

教学资源整合难题：线上线下教学资源分散，缺乏有效的整合与管理，教师和学生查找资源耗时费力；线上教学资源质量良莠不齐，部分资源内容陈旧、讲解不清晰，影响教学效果；线下教学资源，如实验室设备、教材等，与线上教学资源难以协同配合，无法形成有机整体。

教学资源整合难题解决对策：建立统一的教学资源管理平台，对线上线下教学资源进行分类整理、集中存储，方便教师和学生检索与使用；制订严格的教学资源审核标准，组织专业教师对线上教学资源进行筛选与评估，淘汰质量不佳的资源，确保资源的准确性、时效性与系统性；加强线上线下教学资源的统筹规划，使线下实验室设备的使用与线上虚拟实验、教学视频等资源相互补充，教材内容与线上拓展资料相互呼应，构建协同一致的教学资源体系。

第五章　信息时代下慕课在计算机教育教学中的创新应用

信息时代下基于慕课的计算机基础课程创新研究具有深远意义。首先，基于慕课的计算机基础课程创新研究能够有效应对信息时代对计算机技能的高要求，通过慕课提供灵活、便捷的学习方式，满足广大学生多样化的学习需求。其次，基于慕课的计算机基础课程创新研究能够丰富教学资源，借助互联网平台的优势整合优质教育资源，实现教育资源的共享和优化配置。再次，基于慕课的计算机基础课程创新研究有助于推动计算机基础课程的教学模式创新，促进教学模式从传统向现代、从封闭向开放的转变，提升教学质量和学习效果。最后，基于慕课的计算机基础课程创新研究还能够激发学生的学习兴趣和自主学习能力，培养他们的创新思维和实践能力，为信息时代的人才培养提供有力支撑。

第一节　慕课混合学习模式

互联网、人工智能、大数据等技术的快速发展及其在教育中的普及应用，打破了教育的时空界限，重构了教育的组织形态，使学生的学习方式和方法发生了巨大的变化。在这样的时代背景下，教师应该按照什么样的学习模式开展教学活动，才能使教学活动产生更好的效果，成为热点问题。其中，混合学习模式就是备受关注的学习模式之一。

一、慕课混合学习模式的主体框架设计

在当下数字化教育蓬勃发展的浪潮中，教师应充分结合慕课平台的丰富资源

优势与传统课堂的面对面互动特性，积极尝试构建基于慕课的混合学习模式。学习理论为教师确定学生如何高效获取知识提供指导，引导他们合理规划学生慕课自主学习与课堂互动学习的比例。教育传播学理论助力教师优化信息传播路径，确保慕课知识精准传递至学生，课堂上教师的引导也能有效强化学生的理解。教育心理学则关注学生心理状态，促使教师在设计学习环节时激发学生的学习兴趣与积极性。基于慕课平台海量的优质课程资源，搭配传统课堂的实时答疑、小组讨论，教师可为学生提供更为多元、高效的学习体验[①]。

（一）阶段一：慕课混合学习模式前期准备

在课程开始之前，教师应对每门课程的基本情况进行详细分析与解读，这个阶段主要包括学生层面分析、学习内容分析和学习环境分析三个方面。通过对这三个方面的分析，教师考虑在课程中实施慕课混合学习模式是否合适。

1. 学生层面分析

在教学过程中，学生始终是核心，所有的课堂活动和学习环节都必须围绕学生展开。为了确保教学活动的有效性，教师需要全面了解学生的基础知识、学习偏好、学习动机、课外学习环境、使用慕课平台的熟练度及他们对混合学习模式的态度等各方面的情况。这些因素共同构成了教师制订教学策略的基础。

首先，学生的初始能力对教学活动的设计具有重要影响。教师在组织活动和选择教学方法时，必须根据学生的初始能力确定。学生的初始能力可以从两个方面来分析：一方面，学生在接触新知识之前已经掌握的知识和技能，这些为他们学习新知识提供了基础；另一方面，学生在面对新知识时表现出的态度，这直接影响他们的学习热情和对新知识的接受程度。因此，教师需要了解学生的初始能力，才能科学地确定教学起点，并选择适当的教学方法来进行有效的知识传递。

其次，学生的学习风格是一个不可忽视的因素。每个学生都有自己习惯的学习方式，这些习惯体现在他们如何接受反馈、如何表现出学习态度等方面。学习风格通常是由学生长期的学习经验和个人偏好造成的。在慕课混合学习模式下，学生的学习风格通常会在小组活动中展现出来。教师应通过观察和分析学生的学习风格，制订有针对性的教学策略，以便为学生提供分类指导，从而提高他们的学习能力和学习效果。

---

① 裴连群．基于“云课堂”教学背景下计算机教学的创新与发展措施 [J]. 中国多媒体与网络教学学报（上旬刊），2019（7）：1-2.

最后，学生的一般特征也会影响他们的学习过程。这些特征主要包括学生的心理和生理特点，如情感和智能等。这些特征既有共性也有个性，教师在集中教学时应根据学生的共同特征来选择和组织教学内容，同时要充分考虑个体差异，因材施教。学生的一般特征不仅影响其学习方式的选择，还影响其媒体和学习工具的使用。教师需要根据这些特征调整教学内容和手段，以更好地满足学生的学习需求，确保教学效果的最大化。

2. 学习内容分析

在进行教学活动时，教师应对学生的实际需求进行全面分析，并围绕学生需求选择学习内容，从而合理安排慕课平台和课堂教学的内容，以更好地促进学生学习。在慕课混合学习模式下，学习内容来源于课本和慕课平台两部分，教师需要在此基础上进行精心的教学设计。以下是对学习内容的具体分析。

首先，教师应根据学生的实际情况分析单元内容，并设定明确的单元目标。在采用慕课混合学习模式时，教师可以根据学生的学习情况和需求，灵活调整教学内容，确保每个单元的教学目标都符合学生的学习需求。这一调整过程有助于提升学生学习的针对性，让学生能够集中精力解决自己的学习困惑，并有针对性地实现学习目标。

其次，教师要对学习内容进行精细化的知识点划分，归纳总结不同类型的知识。例如，事实性知识包括一些基本的术语和常识性的信息；概念性知识可以分为分类和类别知识、原理和定理知识，以及理论、模型和结构知识；程序性知识则主要指具体的操作步骤。在慕课混合学习模式中，教师将知识类型进行细化和归类，有助于学生有条理地掌握学习内容，促进他们的综合能力的提升。

最后，教师需要充分筛选慕课平台上的学习资源。慕课平台上资源繁多，教师需要根据课程需求和教材内容，挑选出符合学生需求的优质资源。同时，教师还应设计具体的学习任务单，帮助学生在进入慕课平台学习前明确学习目标和资源内容。

3. 学习环境分析

慕课平台为学生提供了一个灵活开放的学习环境，打破了传统课堂对时间和空间的限制。在这一学习环境中，学生可以自主安排学习时间，并通过慕课平台上的在线资源获得课堂所需的基本知识。学生可以根据自己的学习节奏和需求进行学习，充分体现了自主学习的特点。与此同时，慕课平台为学生提供了一个不受传统课堂束缚的学习空间，使学生能够在任何地方、任何时间进行个性化的学习。

在慕课混合学习模式中，课堂活动同样占据了重要地位。在线学习与课堂学习相结合，提供了丰富的教学形式和互动机会。在线上，学生可以自主学习，反复观看教学视频；而在线下，教师则为学生提供支持和资源，通过组织合作学习活动促进学生的学习交流。教师利用多媒体手段带领学生系统梳理知识点，通过提出问题和引导讨论的方式调动学生的积极性，营造出良好的学习氛围，进一步激发学生的学习兴趣。

慕课混合学习模式的核心在于课堂活动与线上学习的互补性。在课堂上，学生通过教师的引导和问题讨论，深入理解知识的内涵，同时增强他们的集体观念和社会责任感。而在线上，学生则能根据自己的节奏进行复习和深度学习，利用慕课平台的灵活性进行个性化学习，从而实现课堂学习的有效扩展。

（二）阶段二：慕课混合学习模式活动设计

慕课混合学习模式教学活动的开展始于学生的初始能力分析，教师通过问卷调查与测试等方式，全面了解学生的知识基础和学习状态。为了促进学生之间的课后互动，教师组织学生自由成立小组，并创建班级群讨论组。整个学习过程以学生为中心展开，以小组合作学习为核心，教学活动通过多媒体工具进行，教师为学生提供必要的学习资源，同时留足课堂时间给学生自主探讨。教学活动分为三个阶段：课前、课中和课后。

1. 课前

在课前，教师会根据学生的情况提供在线课程视频、教学计划及学习任务单，帮助学生了解课程内容和学习重点。学生根据任务单安排时间自主学习，将传统课堂的知识传授环节提前到课前完成。学生在学习过程中可以通过在线讨论模块与教师、同学交流，探讨遇到的疑难问题，将问题反馈给课堂教师。

2. 课中

一是教师点评。在课中，教师引导学生对课前学习的内容进行梳理。由于慕课视频本身具有的碎片化特征，教师通过提问的方式，循序渐进地帮助学生将课前学习的知识系统化，解决他们在学习过程中遇到的问题，特别是学习难点。教师的启发式指导能有效促进学生的知识迁移和深度理解，帮助他们灵活应用所学内容。

二是任务分配与合作探究。在知识点归纳后，教师为每个小组分配学习任务，组长组织成员进行合作探讨。通过小组合作，学生不仅增进彼此间的信任，还能通过集体智慧解决问题。此过程不仅能促进学生的知识吸收，还能锻炼学生的团队合作能力和创新精神。

三是作品展示与问题反馈。在慕课混合学习模式下，学生主导学习过程，积极发现问题并提出解决方案。每个小组展示自己的作品后，成员对作品进行自我总结和改进，其他小组提供反馈，教师进一步解答课堂中的问题。教师对学生进行激励和公平评价，确保每个学生的参与和贡献都能得到体现。

3. 课后

课后的主要任务是深化学生对问题的理解，所有活动都在线进行。教师通过慕课平台布置课后测试，学生完成测试后能实时获得反馈，帮助学生了解自己对知识的掌握情况。此外，教师根据学生在课堂上的学习情况，设计课后练习并通过班级群发布，帮助学生进一步巩固课堂内容，加深学生对知识的理解和应用。

（三）阶段三：学习评价设计

在慕课混合学习模式中，学习评价设计是对学生学习过程的全程监控与反馈，目的是确保学习活动能够达到预期效果，并为后续教学活动提供依据。通过深入分析学生学习过程中的每一环节，教师能够及时发现问题，调整学习模式，并优化教学策略。该阶段的评价既依托课堂内的表现，也涵盖了在线平台的学习活动，确保从多个维度全面评价学生的学习效果。

1. 面对面课堂

课堂评价不仅是对学生在课堂上的表现做出评价，还包括他们在团队合作中的表现及最终展示的作品成果。教师通过日常观察，关注学生在课堂中的学习状态，特别是他们的参与程度、发言质量和小组活动中的贡献。与此同时，学生在小组中完成的作品也作为学习的总结性评价。教师通过学生作品的展示，结合小组内成员的互评成绩，全面评价学生的学习成果。

2. 在线平台

在线平台的评价主要体现在慕课平台上的各类测试、作业，以及学生的互动参与度上。慕课平台的测试和作业是对学生掌握知识和技能运用能力的重要评价手段，教师通过精选的测试与作业内容来检测学生的学习情况。学生在完成作业后需将作业提交至教师邮箱，并通过转换成图片或视频形式上传至班级讨论群，供全班其他同学学习与交流。此外，教师还可以通过分析学生在讨论组中的参与情况，评价其学习积极性与参与质量，进一步了解学生的学习动态和思考深度。

二、“大学计算机基础”课程慕课混合学习模式应用

下面以“大学计算机基础”课程为例，说明慕课混合学习模式的应用效果。

（一）准备阶段

1. 学生层面分析

本研究选取了某学院一年级的41名学生，采用问卷调查和学生访谈的方法，深入分析学生的学习特点，具体从以下三个方面进行探讨。

（1）学生的初始能力

在课程开始前，教师通过参考高中信息技术课程的内容，采用问卷调查的方法了解学生已有的知识水平和技能储备，为学生新知识的学习奠定基础。从调查结果来看，学生在Word应用方面较为熟练，而对Excel的掌握较为薄弱。基于这一情况，教师可以根据学生的不同能力，设计不同层次的学习资源，以适应每个学生的学习需求。同时，这为后续的课程设计提供了合理的教学起点，确保每个学生都能在适当的难度上进行学习。

（2）学生的学习风格

大学一年级的学生通常习惯于传统的以教师为主导的授课方式，更多依赖于被动的知识接受。而“大学计算机基础”这门课程的教学形式注重实践与灵活运用，完全不同于以往的学习模式，因此学生对这门课程充满了兴趣，期望能够参与更多互动环节。特别是在小组合作的学习模式下，学生乐于与他人共同交流和合作，因此后续课程设计应当充分考虑学生在小组合作中的表现和需求，将小组合作作为重要的学习方式，促进学生的积极参与和协作。

（3）学生的一般特征

大学一年级的学生大多思维活跃，具备较强的创新意识，并且他们普遍认识到计算机学科可以通过计算思维来解决现实问题。然而，传统的教学方式大多以教师讲授为主，这种方式缺乏对学生团队协作和自主思考的培养，导致学生往往缺乏团队意识。

2. 学习内容分析

学习内容既包括教材，也包括慕课平台线上资源。应用研究的慕课学习资源是“大学计算机基础”，主要目标是让学生掌握计算机的基本理论知识和常用软件的应用，为培养学生的计算能力、创新能力和后续课程打下坚实的基础。

3. 学习环境分析

“大学计算机基础”课程的学习环境分为网络学习环境和多媒体教室学习环境，力求通过现代化的教学手段为学生提供丰富多样的学习体验。

（1）网络学习环境

网络学习环境主要由班级群和慕课平台组成。班级群为师生提供了一个便捷的线上互动平台，消除了时间和空间的限制。教师通过班级群发布课前学习任务单，学生根据任务单内容，借助慕课平台进行课前学习。在这一过程中，学生不仅可以自主安排学习时间，还能在学习过程中遇到疑惑时，将问题通过班级群与教师、同学进行讨论，从而加深理解和解决难点。慕课平台提供的在线学习方式为学生提供了灵活的学习途径，充分发挥了自主学习的优势，使得学生能够在课外时间充实自己，提升自学能力。

（2）多媒体教室学习环境

在课堂教学中，多媒体教室已经成为一种必需的教学环境。教师在课前搜集相关的教学资源，如文字、视频、图片等，并通过现代化的多媒体设备将这些内容传递给学生。这种教学方式能够有效提升课堂的生动性和互动性，让学生更直观地理解知识点。在课堂上，教师借助多媒体教学软件对学生的学习和练习情况进行实时监控，并针对学生常见的问题进行有针对性的讲解。此外，教师鼓励学生通过角色扮演等方式展示自己的作品，这不仅帮助学生展示个人成果，还能促进学生之间的相互学习。教师还通过小组之间和小组内部的在线评价，激发学生的积极性和参与感，使得每个学生都能在课堂中获得更多的学习机会和收获。

（二）学习活动的设计与实施

1. 学习活动设计

在开展课堂学习前，教师设计具体的学习活动十分关键。教师可依据课程目标与学生情况，设计小组讨论活动，围绕重难点话题各抒己见；安排案例分析，让学生运用知识解决实际问题；还可设置实际操作项目，如编程练习、硬件组装等，助力学生将理论知识转化为实践技能。

2. 学习能力实施

“大学计算机基础”课程中基于慕课的混合学习模式通过教师的全程参与，贯穿于课前、课中和课后的每个环节。以“Excel 公式与函数”这一教学单元为例，具体实施过程如下。

（1）课前

学生在课前利用慕课平台和学习任务单开展自主学习，并在平台的讨论组内与教师交流解决学习中的问题。对于没有及时解决的问题，学生通过班级群向教师反馈，教师则对学生在课前学习过程中遇到的难题进行分类整理，为课堂教学提供有针对性的支持。

（2）课中

课中学习包括以下四个环节。

一是温习重点。教师讲述本节课的关键内容，着重讲解 Excel 公式的表达方式及四种常见运算符的应用。学生结合课前学习资源与教材，进行公式求和计算的练习，分组讨论典型的运算符案例，并由小组代表向全班汇报。教师针对学生未解决的问题进行补充讲解和解答。

二是问题答疑。教师根据学生反馈的课前疑惑，发现多数学生对“相对引用与绝对引用的区别”和“F 函数使用方法”存在疑问。教师通过实际案例帮助学生分析这些问题，并带领学生理解其应用原理，帮助学生消化和掌握难点。

三是合作探究。教师组织学生进行探究任务，通过明确任务目标并分配小组合作，鼓励学生共同探讨和解决问题。在小组合作过程中，教师通过课堂观察记录表评估每个小组及组员的表现，确保每个学生都能积极参与。

四是总结评价。教师组织学生进行组间和组内的评估与总结，小组代表展示其作品，并分享作品制作过程中的难点与收获，其他成员给予反馈并互相评价。这一环节不仅让学生进一步理解课程内容，还增强了学生的团队协作意识。

（3）课后

课后，教师布置相应的学习任务，并针对学生课后作业中的疑问进行答疑解惑。学生需在慕课平台完成相关测试和作业，并将未解决的问题反馈给教师，教师对学生的学习进度和问题进行综合评价，帮助学生巩固所学知识。

（三）学习评价

在慕课混合学习模式中，教师教学不仅关注学生的学习结果，更注重学生学习过程的持续跟踪与分析。通过对学习活动的细致分析与反馈，教师可以及时调整教学策略，确保教学计划和方法不断完善和改进，从而实现教学效果的不断优化。学习评价设计是慕课混合学习模式中不可或缺的一部分，它依赖于前期的过程分析，并通过对学生学习效果的多方面评估进行反馈。慕课混合学习模式的评价项目多样化，主要包括学生的课堂表现、小组合作成果、个人作品、在线平台的参与度，以及课后作业和测试。

（四）应用效果分析

为深入评估慕课混合学习模式的应用效果，本研究通过问卷调查和学生访谈收集了学生的反馈。问卷通过班级群发放，涵盖了对慕课平台使用、混合学习模式满意度、平台与课堂融合等多个方面的内容。共发放 38 份问卷，回收 36 份，访谈则在实验期间及结束后进行，访谈对象为超过一半的学生。以下将从两个方面总结学生的反馈：慕课平台学习的满意度和混合学习模式的满意度。

1. 慕课平台学习的满意度

问卷调查显示，在教学实践前，94.44% 的学生未使用过慕课平台。但在教学实践之后，学生普遍对慕课平台持积极态度，约 86% 的学生认为慕课平台有助于他们在课前进行个性化学习，并且提升了自主学习的能力。然而，仍有 14% 的学生反映，由于课外时间有限且网络环境不稳定，慕课平台的使用存在一定困难。

2. 混合学习模式的满意度

课后访谈结果显示，大多数学生认为混合学习模式增加了课堂活动的多样性。他们表示，课程活动因其灵活性更符合他们的需求，课堂氛围更加轻松愉快，促进了与教师和同学之间的互动。然而，也有学生提出，尽管混合学习模式带来了更多的互动和参与，但也要求学生投入更多时间，他们担心这种模式可能影响课程内容的按时完成。

第二节　慕课翻转课堂教学模式

翻转课堂这种创新教育模式的推动主要得益于三位重要人物，他们分别是美国科罗拉多州林地公园高中的化学教师乔纳森·伯格曼和亚伦·萨姆斯，以及可汗学院的创始人萨尔曼·可汗。这三位人物的工作为翻转课堂的发展奠定了基础。

在2007年，乔纳森·伯格曼和亚伦·萨姆斯面临的一个普遍问题是，许多学生由于各种原因无法跟上课堂进度，或者因缺席而错失了重要的学习内容。为了弥补这一缺口，他们开始使用屏幕捕捉软件录制课堂讲解，并将这些视频上传到网络上。这样的做法为缺课的学生提供了一个便捷的自学平台，极大地提高了他们的学习主动性。通过逐渐将视频观看作为课外学习的基础，乔纳森·伯格曼和亚伦·萨姆斯能够节省课堂时间，专注于解决学生在作业或实验中遇到的具体问题，进而提高了学生的学习效果。尽管他们并未正式提出“翻转课堂”这一术语，但这一创新教学模式很快便被媒体冠以该名称，并迅速在全球范围内得到传播，尤其是在美国。然而，这一模式的推广在初期并未一蹴而就，其中一个主要障碍是教学视频的制作要求较高，并非所有教师都具备制作符合标准的教学视频的能力。

萨尔曼·可汗作为创建翻转课堂模式的关键人物之一，他的影响力不容忽视。萨尔曼·可汗最初并未从事教育工作，他拥有电气工程、计算机科学学士学位及哈佛商学院的硕士学位，曾在对冲基金工作。然而，在2004年，为了帮助自己的表妹克服数学学习上的困难，他制作了一些数学教学视频并上传到视频网站上。这些视频得到了广泛的关注，并且成功帮助了许多有类似学习困难的学生。随着时间的推移，萨尔曼·可汗的教学视频数量激增，并逐渐得到了教育界的重视。为了更专注于教育事业，萨尔曼·可汗于2009年辞去工作，创办了可汗学院，致力于提供免费、优质的在线教育资源。可汗学院的迅猛发展引起了比尔·盖茨的关注，并得到了盖茨基金会及谷歌等机构的资助。2011年，萨尔曼·可汗在TED大会上发表的演讲《用视频重新创造教育》进一步促进了全球教育者对翻转课堂的关注，并推动了其在全球范围内的普及。可汗学院的网络教学环境图如图5-1所示。

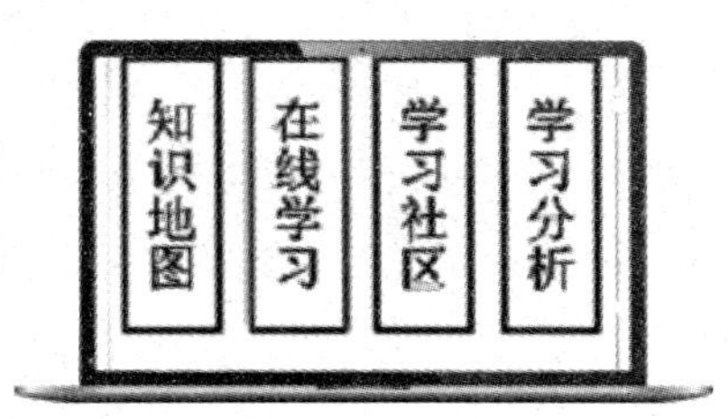

图5-1　可汗学院的网络教学环境图

翻转课堂这一教学模式的迅速发展和推广，成为2011年教育领域的重要技术创新，掀起了全球教育改革的热潮。《环球邮报》在2011年11月28日发表的文章《课堂技术发展简史》中指出，翻转课堂是2011年对课堂教学影响最深远的技术变革之一。在美国，知名在线教育媒体“电子校园新闻网”也将翻转课堂列入2011年十大教育技术事件。这一转折点的标志之一是2011年7月美国首次举行的翻转课堂大会，这次大会旨在对翻转课堂的定义、实践和理论进行深入探讨，并明确提出教师在这种新模式下的角色定位，即教师更多的是充当课堂的指导者。紧接着，2012年4月，美国在科罗拉多州再次召开翻转课堂大会，进一步明确了翻转课堂的核心理念和教学模型，并为在全球推广这一模式提供了理论支持。

与此同时，翻转课堂这一教育创新模式逐渐在全球范围进行推广和应用，加拿大、澳大利亚、新加坡等国家的学校陆续开展了翻转课堂的试点项目。翻转课堂的影响力不仅体现在美国，还在全球范围内掀起了教育模式变革的浪潮。

随着信息技术的迅猛发展，高等教育领域的教学改革也在不断深入。越来越多的高校开始注重学生的综合素质培养，特别是在表达能力、自主学习能力、团队合作能力及实践动手能力方面。因此，高校建立一种全新的教学模式来提升学生的综合能力变得愈发重要。借助慕课和翻转课堂这两种信息技术推动下的新型教育模式，高校教学正在从“教师主导”转向“学生主导”、从“以教为中心”转向“以学为中心”。

一、慕课翻转课堂教学模式的可行性与优势

结合线上慕课平台资源与线下翻转课堂的教学模式，这种创新模式实现了知识传播的高效性与深度内化。其独特的优势在于将学生置于课堂教学的中心，能够有效激发学生的学习兴趣和动力，从而提高学习效率，促进学生对知识的深度理解。同时，个性化教学得以实现，学生可以根据自己的需求调整学习节奏和内容深度。然而，这种模式面临着一些现实的挑战，最显著的挑战之一是对学生自我管理能力的要求较高，部分学生可能缺乏足够的自律性，这可能影响他们的学习进度。此外，课件的制作是另一大难题，教师需要投入大量的时间和精力去准备高质量的教学材料，这对许多教师来说是一个不小的挑战。因此，教师在采用这种教学模式时需要充分认识到其优势和劣势，从而在教学设计中采取灵活的应对策略。

（一）慕课翻转课堂教学模式的可行性

目前，一些慕课平台已经具备和高校相似的完善体系结构，但仍无法完全代替传统高校。慕课学习者需要自己设定学习目的和参与度，但很多学习者并不具备高度自控的学习经验和能力，当在学习过程中遇到困难或兴趣减退时就会削弱学习意愿导致退出学习，所以慕课平台上的学习完成率较低。此外，慕课还存在平台教学管理制度不完善、学习者之间的协作交流不足、信息量过载等问题，给学习者带来了选择困惑[①]。翻转课堂和慕课的结合恰恰能有效弥补慕课存在的不足。翻转课堂是将以往课堂上教师给学生讲授知识的过程挪到了课外进行，如此学生在课外进行自主学习的时候往往会面临学习资料的查找、选择及自主探究等问题。慕课平台为翻转课堂教学模式下学习的学生提供了便利的条件，其中所包含的大量开放性学习资源，使学生可以根据自身因素选择适合自己的学习资料。

（二）慕课翻转课堂教学模式的优势

信息技术的普及和迅速发展为翻转课堂的诞生提供了坚实的基础。借助信息技术，翻转课堂成功地创建了一个更加开放、灵活的教学环境。这种环境不仅提供了丰富多样的教学资源，还让教师与学生的互动方式变得更加多元化，推动了教学方法和内容的创新，甚至对传统的教育观念产生了深远的影响。在慕课翻转课堂教学模式下，学生能够享受更加自由的学习方式，感受到轻松愉快的学习氛围。这种模式的最大亮点在于，它增强了学生与教师之间、学生与学生之间的互动，使得学生可以根据自身的兴趣、进度和需求自由选择学习内容，实现个性化学习。同时，教师不再只是单纯地传授知识的角色，而是转变为学生学习过程中的辅助者和引导者。借助慕课平台上的教学视频和幻灯片等资源，教师的课堂内容可以完整保存，并随时供学生复习使用，解决学生因缺课等原因带来的学习困扰。然而，为了真正实现慕课翻转课堂教学模式的优势，学生的自主学习尤为关键。学生课前的学习不仅仅是预习和做练习题那么简单，而是要在误前深入理解知识，为课堂的进一步学习做好充分准备。

二、慕课平台分析指标构建

翻转课堂的成功实施不仅需要创新的教学方法，还高度依赖于一个强有力的

① 刘丽娜 .MOOC 环境下高校《大学计算机基础》课程混合式教学模式的构建研究 [J]. 电脑知识与技术，2019，15（22）：139-140.

支持平台。一个完善且科学的学习平台，能够为教学活动提供全方位的支持。它不仅是课程内容展示的载体，更是促进师生互动、同学间交流与协作的桥梁。教学过程中的各项活动，如教学评价、课堂管理、学业反馈等，都离不开平台的全面支持。

根据对国际顶尖网络教学平台评估网站的研究，结合多种学习管理工具、系统支持工具和系统关键技术的优势，我们提出了一些针对在线学习平台的功能性分析指标。通过这些指标，我们构建了对慕课平台的深入分析框架。

（一）学习管理工具构建

在慕课平台的分析框架中，学习管理工具被划分为三大核心模块：交流工具、效能工具和学生参与工具，每一模块下均有一系列三级指标，涵盖了平台所需的各项功能。

交流工具包含七个重要的三级指标，分别是讨论区、文件交互、日志笔记、实时聊天、电子白板、视频服务和课程邮件。通过这些交流手段，平台能够提供多元化的沟通渠道，促进师生、同学之间的信息流通和协作。

效能工具侧重于提高平台操作的效率，包含日历任务、导航和帮助、同步与异步学习、课内检索和书签五个三级指标。这些功能能够帮助学生更好地规划学习时间、获取帮助、浏览和查找课程资料，确保学习过程的顺畅性和高效性。

学生参与工具着重提高学生在平台上的互动性和参与感，主要包括自评互评、分组、学生社区和学生档案四个三级指标。

（二）系统支持工具构建

慕课平台分析指标的系统支持工具由课程设计工具、课程管理工具和课程发布工具组成[①]。其中，课程设计工具包含六个三级指标，分别是教学标准兼容、教学设计工具、课程模板、课组管理、定制外观和内容共享复用；课程管理工具包含四个三级指标，分别是课程权限设置、注册系统、身份验证和托管服务；课程发布工具包含五个三级指标，分别是在线打分工具、教师帮助、自动测试评分、课程管理和学生跟踪。

（三）系统关键技术选择

慕课平台分析指标的系统关键技术由硬件和软件、安全和性能、兼容和整合、

① 李玉珍．应用型人才环境下高校计算机基础课程多元化教学模式的应用 [J]. 数字通信世界，2019（8）：246+261.

定价和许可组成。硬件和软件包含五个三级指标，分别是服务器、数据库要求、浏览器要求、服务软件和移动服务支持；安全和性能包含三个三级指标，分别是用户登录安全、访问速度、监控与报告；兼容和整合包含四个三级指标，分别是国际化和本土化、应用编程接口、第三方软件整合、数字校园兼容；定价和许可包含五个三级指标，分别是公司、版本、成本、开源代码和附加产品。

三、慕课翻转课堂教学模式构建

借鉴国外学者的翻转课堂教学模式经验和国内学者设计的翻转课堂教学模式优势，我们构建了慕课翻转课堂教学模式。例如，国外学者在“线性代数”课程的教学过程中，总结了线性代数课程实施翻转课堂的教学模式[①]。它包括两部分，分别是课前和课中。课前主要用于学生自主观看教学视频，完成对基础知识的学习，然后进行有针对性的作业练习；课中主要用于学生对学习成果的检测，然后与教师或者同伴进行小组协作探讨，最后做出总结和反馈。

国内学者在国外学者构建的翻转课堂教学模式基础上，设计了相对完善的翻转课堂教学模式[②]。该教学模式也分为课前和课中两个环节。翻转课堂教学模式的实施关键在于如何设计各个环节，以确保学生能有效地学习和掌握新知识。该模式的课前环节要求学生通过观看教学视频来接触新知识，同时进行练习检验学习效果。如果在学习过程中遇到问题，学生可通过交流平台向教师寻求帮助，并反映自己的学习进展。教师依据学生的反馈调整课堂内容，确保课堂活动能够解决学生的实际问题。课中的学习活动则通过独立思考和小组合作，让学生深入内化所学知识，最终通过展示和评价巩固学习成果。信息技术和学习活动在这一过程中起到了至关重要的作用，它们是翻转课堂能够顺利开展的核心因素。

国外和国内学者在翻转课堂的设计中，各自有不同的侧重点。国外学者在课前环节注重作业练习，帮助学生准备课堂内容；而国内学者则结合交流平台，在课中设计了多种教学活动，促进学生的参与与互动。然而，无论是国外还是国内学者，他们的设计主要集中于课前和课中的活动，缺乏对前期分析和课后环节的深入考虑。因此，基于这一现状，我们构建了一种新的慕课翻转课堂模式。该模式不仅包含了课前学习和课堂活动，还加入了前期分析和课后环节，使教学更加

① 马欣．信息化背景下高校计算机教育教学改革的方向与实践探究[J]．黑龙江教育学院学报，2019，38（7）：47-49.

② 文韬．网络资源在高校计算机教学中的应用[J]．中国多媒体与网络教学学报（中旬刊），2019（7）：89-90.

完整和有针对性。在前期分析环节中，教师进行学生分析、教学目标设定、教学内容设计及教学环境设计，为课前学习提供坚实的基础。课前通过慕课平台进行视频学习和课前练习，学生可以在平台上自主学习，遇到问题时可以与教师和同学互动交流，满足个性化需求。课中则通过多种教学活动，如创设情境、分析问题、自主探究、小组协作等，帮助学生更好地完成知识的内化，并提升表达和协作能力。课后环节侧重于知识巩固、评价反思和拓展提升，为学生提供更好的知识复习和能力提升空间。

（一）慕课翻转课堂教学模式的教学目标设计

教学目标是慕课翻转课堂教学模式的核心，它在教学模式的构建中起到至关重要的作用。教学目标不仅决定了教学活动的设计和师生的互动方式，还为教学评价提供了依据。慕课翻转课堂教学模式通过设置明确的课前、课中和课后教学目标，旨在促进学生的全面发展，具体内容如下。

1. 课前教学目标

课前教学目标是让学生在慕课平台上进行预习，理解即将讲授的知识点。这一环节不仅是信息的传递，更是培养学生自主学习能力的过程。学生通过自我探索和思考，为课堂活动做好充分的准备，从而提高学习效率。

2. 课中教学目标

课中教学目标侧重于让学生将知识内化并应用。通过创设具体的学习情境、分析问题、自主探究、协作讨论、师生共同探讨、解决问题及成果展示等活动，学生能够在互动中提升自己的知识理解和实践能力。此外，课中的小组合作和成果交流环节，尤其能够增强学生的协作精神，提升表达能力和实际操作技能，促使综合能力的提升。

3. 课后教学目标

课后教师目标是加深对课前和课中知识的巩固和扩展。学生通过课后环节的知识巩固、评价反思和拓展学习，进一步加强对知识点的掌握，并通过参与讨论区交流，与教师和同学多角度地讨论学习内容，提升自己的学习深度和广度。课后的互动和反思是学习闭环的关键，确保学生能够持续深化知识，并进行自我反思。

（二）慕课翻转课堂教学模式的实施条件

每一种教学模式的实施都依赖于多种条件，慕课翻转课堂教学模式同样如此。

该教学模式的实施过程受限于学生和教师条件。

1. 学生条件

在实施慕课翻转课堂教学模式前，首先，教师需要了解学生已有的学习情况，调查他们是否能够接受这种新型教学模式，并愿意积极参与其中。其次，教师必须评估学生的信息素养，确保他们掌握基本的计算机操作能力，因为这一能力直接影响到他们在平台上进行学习的效率与效果。再次，学生还需要拥有适当的硬件设备支持，如计算机或智能手机，尤其是课前环节，学生需通过这些设备访问慕课平台，观看教学视频和进行练习。最后，学生必须具备一定的通信软件使用能力，以便在课前和课后环节与教师、同学进行互动交流。

2. 教师条件

首先，教师应具备扎实的信息素养，能够熟练掌握和运用各种信息技术工具来支持教学活动。其次，教师需具备探索新教学方法的勇气和积极性，能够充当学生的引导者和支持者，帮助学生适应慕课翻转课堂的新型教学模式。最后，教师还需要具备高效的教学设计能力，能够根据慕课翻转课堂教学模式的特点进行恰当的教学活动安排，从而实现教学目标，并在教学过程中为学生营造积极的学习氛围。

（三）慕课翻转课堂教学模式的操作步骤

慕课翻转课堂教学模式通过三个主要步骤——课前准备、课堂教学和课后指导——有效地组织和优化教学活动。

1. 课前准备

在课程开始之前，教师需对翻转课堂的教学内容进行全面设计，并从知识、技能、方法及情感态度等方面设定具体的教学目标。同时，教师需要分析学生的学习背景和课堂环境，确保教学活动符合学生的实际需求。教师还应仔细分析学生课前的反馈，以便及时调整课程内容。在课前准备阶段，慕课平台成为学生学习的主要工具，学生在此平台上进行自主学习，了解新知识，并完成练习题。学生必须通过平台上提供的资源进行认真学习，并且在遇到问题时及时反馈。课前学习的质量直接关系到课堂活动的有效进行，因此学生在这一阶段的参与度和自主学习能力至关重要。

2. 课堂教学

课堂教学环节旨在通过情境创设和问题引导，激发学生的探究兴趣。教师在此阶段通过分析学生的课前学习反馈，提出有深度和挑战性的问题，并根据学生的兴趣进行分组。每个小组通常包含 6 人，学生根据选定的问题进行独立研究，并在小组内进行合作探讨。通过这一方式，学生不仅能够深化对知识的理解，还能够培养协作精神和批判性思维。完成探讨后，学生将展示自己的成果，并进行交流与评价，促进知识的内化和团队合作能力的提升。

3. 课后指导

课后指导是对课堂学习的延伸，学生在这一阶段可以通过慕课平台与同伴进行互助，也可以向平台上的答疑人员求助。教师和答疑小组会为学生提供个性化的指导，帮助他们解决课后作业中的问题。通过多元化的指导形式，学生在课后得到了充分的支持，拥有了继续学习的动力。

（四）慕课翻转课堂教学模式的教学考核及评价标准制订

慕课翻转课堂教学模式对学生多方面素质的培养，特别是自学能力、合作能力和课堂参与度等提出了高要求。传统的以考试为主的评价方式已无法全面反映学生的学习情况，因此，我们亟须一种更具多元化和客观性的考核评价机制。这种机制不仅能更全面地评估学生的学习过程和成果，还能激发学生的学习积极性，从而提升整体教学效果。更重要的是，这一做法为教育领域的创新提供了理论支持，有助于推动教育评价体系的转型与发展。

1. 考核及评价的作用

在教学过程中，考核及评价的功能不可或缺。它们是教师根据教学目标的完成情况，对教学效果进行综合判断的工具。通过评价反馈，教师能获取大量的数据，从而调整和优化教学计划，进一步激发学生的学习兴趣。在慕课翻转课堂教学模式中，考核评价机制应具备以下两个核心功能。

一是应确保学生能够全面掌握知识。慕课翻转课堂教学模式下的考核评价机制要以促进学生全面发展为基础，不仅要评估学生掌握知识的深度，还要帮助学生明确自己当前的知识掌握水平，为其后续学习提供指导。

二是应保证成绩的公正性。由于慕课翻转课堂教学模式综合了多种教学方法，考核评价机制应从多个维度进行评估，从而确保成绩评定更具公平性，避免传统以考试为主的评价方式可能带来的偏差。

2. 主要评价方式

慕课翻转课堂教学模式的主要评价方式如表 5-1 所示。

表 5-1　慕课翻转课堂教学模式的主要评价方式

评价方式	基本要求
书面作业	按时按要求完成
小组讨论	积极参与，将小组成绩作为成员成绩
上机实验	基本实现实验要求
开放性实验	学生答案不能唯一
考试	期末一次，闭卷

3. 考核项目构成

在慕课翻转课堂教学模式下，考核项目涵盖了多个方面，具体包括出勤、课堂反馈、小组表现、课堂表现、练习、小测试、实践环节和开放性考试等。每一项考核都旨在全面评估学生在不同环节中的学习情况和参与度，以便提供准确的学习反馈。

4. 评分标准

评分标准主要分为学习过程评价、实践环节和开放性考试三部分。每个部分都设有具体细则，确保评分的精确性与公正性。

5. 考核要求

在考核要求方面，学生需要每两周提交一次作业，每份作业按 10 分制评分，并且期末时将作业成绩按比例计入最终成绩，总计占期末成绩的 10%。作业成绩的计算方法：将每次作业的加权成绩相加，再乘以提交作业的次数，最后除以作业总数。

6. 考核细则

在慕课翻转课堂教学模式下，学生的总成绩构成包括平时成绩、实践环节和开放性考试，具体分配如下。

平时成绩占 45%，即 45 分，由授课教师根据不同教学环节进行详细考核。平时成绩具体按课前、课堂和课后环节来评定，每个环节的考核均采用百分制。课前考核占 20 分，其中预学和思考问题的情况占 10 分，易混点、易错点、易漏点及易忽略点的掌握情况占 10 分。课堂考核占 60 分，其中参与课堂讨论的情况占 20 分，课堂陈述占 10 分，课堂表现占 30 分。课后考核占 20 分，具体包括组内成员互评占 5 分，作业完成质量占 10 分，课外互动的参与情况占 5 分。所有分数会按照规定比例进行折合，最终得出平时成绩。

实践环节占 30%，共有三次实践，每次 10 分，总分 30 分。

开放性考试占 25%，旨在评价学生的课程理解程度和综合能力。

7. 考核结论

通过以上各项标准的核算，学生最终总成绩 60 分及以上的为及格。

四、“计算机网络”课程慕课翻转课堂的教学设计

“计算机网络”作为计算机基础课程体系中的重要一环，是计算机专业学生的一门必修课。它涵盖网络架构、协议原理、数据传输等核心知识，为学生后续深入学习专业方向课程筑牢根基，助力其在软件开发、网络安全等领域施展才华，在专业学习进程中占据优势。

（一）“计算机网络”课程分析

“计算机网络”课程作为计算机专业的核心基础课，在信息时代的背景下，有着极为重要的地位和丰富的内涵。下面将从课程定位、课程特点等方面，深入分析这门课程。

1. “计算机网络”课程定位

“计算机网络”课程是计算机学科、物联网工程、软件工程等专业的核心课程之一，也是多个相关专业的必修课或选修课。这门课程是计算机科学领域和专业人才培养的基础，处于课程体系中的关键位置。它不仅为后续课程如《服务器管理与维护》《路由及交换技术》等理论课程，以及《计算机网络课程设计》等实践教学提供基础知识，还在计算机网络技术的迅速发展中发挥着不可或缺的作用。

2. 翻转课堂教学模式下“计算机网络”课程特点

翻转课堂教学模式下的“计算机网络”课程具有多方面的特点。首先，翻转课堂为学生提供了个性化学习的机会，使他们能够根据自己的进度和需求掌握课程知识。其次，翻转课堂强调课堂内外的互动，帮助学生与教师建立更紧密的师生关系，营造了更为积极的课堂氛围。然而，翻转课堂也存在一些挑战。例如，学生在课前自主学习时可能面临资料选择上的盲目性和学习进度安排的不足，导致在课堂讨论和小组合作中，学生的知识内化过程受到阻碍。为此，翻转课堂结

合慕课平台的课程提醒和学习建议功能，可以有效地帮助学生解决这些问题，提升课前学习的效果。

（二）“计算机网络”课程慕课翻转课堂的教学环境设计

在“计算机网络”课程慕课翻转课堂教学模式中，教学环境的设计对课程的顺利实施起着至关重要的作用。教学环境的设计可以从硬件和软件两个方面进行考虑。

从硬件方面来看，首先需要配备具备多媒体功能的计算机教室，这些教室配有扩音设备和大屏投影仪，能够确保教师讲解和演示内容的清晰传达。同时，为了确保每位学生都能够参与到实践操作中来，必须为每位学生配置一台能够进行操作的计算机，这不仅能支持学生进行个性化学习，还能帮助学生掌握“计算机网络”课程中的实际操作技能。另外，网络环境也是教学活动中不可或缺的一部分，它不仅支持教师和学生之间的实时交流，还促进学生间的互动与协作，从而营造更为丰富的学习氛围。这些硬件设备的配备为慕课翻转课堂教学模式提供了必要的技术支持和保障。

从软件方面来看，除了基础的社交软件和办公软件，电子教材、教案、网络课程和习题库等学习资源是教师和学生在教学活动中不可或缺的工具。通过这些软件和工具，教师可以更高效地组织教学内容、布置任务，并进行课程管理。同时，学生可以通过慕课平台和习题库等资源进行自主学习、复习和练习，提升学习的互动性和自我管理能力。最为重要的是，慕课平台的互联网协议地址为课程提供了线上学习和资源共享的基础环境，使得学生能够随时随地进行学习，打破了传统教学的时空限制。

（三）“计算机网络”课程慕课翻转课堂的教学目标设计

“计算机网络”课程慕课翻转课堂教学模式的教学目标是，为学生打下扎实的网络理论基础，并培养他们的操作技能与实践能力。课程不仅帮助学生掌握计算机网络的核心理论，如网络协议、通信技术原理及网络性能等，还侧重于提升学生的动手实践能力，特别是在局域网设计、交换机路由器操作、网站开发等方面。通过翻转课堂，学生能够在自主学习的同时，提升协作能力、表达能力及创新能力，为未来的职业生涯奠定坚实的基础。

“计算机网络”课程中“计算机网络概述”的教学目标设计具体分为三个阶段，分别是课前、课中和课后。

1. 课前教学目标设计

学生通过慕课平台的在线学习，了解因特网的起源与发展，掌握因特网的标准化工作及组成结构，熟悉计算机网络的各类形式与网络性能指标，初步认识网络体系结构，培养学生的自主学习能力，为后续课程学习打下理论基础。

2. 课中教学目标设计

在课堂中，学生将学会运用所学理论知识解决实际问题，特别是如何比较电路交换、分组交换与报文交换的异同，掌握计算机网络的性能计算方法（如时延、网络利用率等），理解协议栈、对等层等基本概念。学生还将学习网络体系结构为何采用分层设计，协议与客户 / 服务器方式的使用区别等内容。在这一过程中，学生的表达能力、协作能力、创新能力及实践能力都能得到有效提升。

3. 课后教学目标设计

学生将通过慕课平台的讨论区进行在线互动，巩固课堂学习的知识，讨论因特网的发展历程、网络性能、计算机网络的分类等内容。学生还将深入探讨如何优化网络性能、提高网络利用率，以及如何理解网络的复杂体系结构。

（四）“计算机网络”课程慕课翻转课堂的教学内容设计

“计算机网络”课程慕课翻转课堂教学内容设计，旨在帮助学生全面了解计算机网络的基础理论、工作原理。教学内容包含计算机网络的各个层次，从网络的基本概念到网络安全、无线网络、下一代因特网等，按照课前、课中和课后的顺序进行系统安排，以实现学生对知识的深度理解及其应用能力的提升。

1. 课前教学内容设计

课前教学内容主要通过慕课平台进行，并集中在以下关键知识点。

因特网概述：讲解因特网的基本概念，为学生建立网络学习的基础。

因特网核心部分：介绍 C/S 模式和 P2P 模式，分析其核心作用及其在不同场景下的应用；对电路交换与分组交换进行比较，帮助学生理解其区别及应用背景。

计算机网络类别：WAN、MAN、LAN 和 PAN，重点讲解各种网络形式的特点与应用。

计算机网络性能：细致分析速率、带宽、吞吐量、时延等性能指标，帮助学生理解网络运行的关键参数。

2. 课中教学内容设计

课堂教学环节注重互动与讨论，通过小组合作与答疑环节，引导学生深入思考以下问题。

什么是计算机网络？什么是因特网？

因特网的发展历程、标准化组织及标准化的各个阶段。

因特网的组成部分及其相互作用，如何实现分组交换？

电路交换与分组交换的特点，为什么分组交换在现代网络中被广泛应用？

如何提高网络的利用率？如何有效衡量计算机网络的性能？

3. 课后教学内容设计

课后教学内容设计精准聚焦于课堂知识的巩固。在信息时代，学习群组成为学生深化学习的得力工具。学生依托各类线上学习群组，积极与教师和同学展开热烈讨论。在群组里，针对课堂上网络协议原理、网络设备配置等重难点知识，大家各抒己见，分享自身的理解与困惑。同时，学生还会定期总结学习心得，将自己在实际操作中遇到的问题及解决方法进行分享。通过这样的互动，学生不仅能加深对知识的理解，还能从他人经验中获取启发，进一步夯实课堂所学，全方位提升对“计算机网络”课程的掌握程度。

第六章　信息时代下提高计算机网络教学效果的创新策略

在信息时代快速发展的背景下，教师提升计算机网络教学效果变得尤为重要。教师通过实施有效的教学策略，学生不仅能够迅速适应不断变化的网络环境，还能掌握当下最先进的网络技术与应用，这为他们未来的职业发展提供了有力支持。同时，通过引入互动学习和项目式学习等教学方式，教师能够激发学生的学习兴趣和参与热情，进而提高学习效率。进一步说，教师优化教学方法不仅能够提升学生的技术能力，还能够培养学生的创新思维和实践能力，从而使他们更好地面对信息时代带来的各类挑战。

第一节　增加教学的趣味性

在“计算机网络”课程中，采用趣味性教学方式具有非常重要的意义。趣味性教学不仅能够激发学生的学习兴趣，还能够促使他们主动参与课堂学习，使他们在轻松愉快的氛围中掌握难度较大的技术概念。通过灵活多样的教学方式，将抽象的理论知识转化为有趣的案例和实际应用，学生能够更加轻松地理解复杂的网络原理，减少了传统教学中的枯燥感。更重要的是，趣味性教学方式能够有效保持学生的学习动力，培养他们在信息技术领域的探索精神，使他们在面对快速发展的技术环境时更加积极主动，保持学习兴趣和创新能力。

一、“计算机网络”课程的趣味教学方法探讨

“计算机网络”课程作为计算机专业的一门必修课程，承载着培养学生全面

理解计算机网络基础原理，提升学生网络分析、设计、组网及应用开发能力的重任。此课程不仅深入剖析了网络协议的运作机制、数据传输的流程及网络架构的构建原理，还着重讲述实用的网络技术，旨在为学生未来在计算机网络领域从事相关工作奠定坚实的基础。随着信息技术的飞速发展，计算机网络已深度融入现代社会的各个角落，无论是日常生活还是工业生产都离不开网络的支持。因此，掌握“计算机网络”课程的核心知识，对于计算机专业学生及从事计算机相关工作的人员而言，已成为不可或缺的竞争力。

然而，在实际的教学过程中，“计算机网络”课程的内容往往涉及大量抽象的理论知识，如网络协议及数据链路层、网络层的工作原理等，这些概念对于初学者而言往往晦涩难懂，容易引发其学习上的困惑和挫败感。加之传统的教学方式往往侧重于理论知识的灌输，缺乏与学生实际生活经验的有效结合，导致学生在理解和应用这些理论知识时感到力不从心，教学效果也大打折扣。

为了破解这一教学难题，本节提出了一种基于趣味教学的创新教学方式。该方式摒弃了传统教学中单纯理论讲授的枯燥性，转而采用生动有趣的类比手法，将抽象的理论知识与现实生活中的常见事物进行巧妙关联。例如，将网络协议比作人与人之间的沟通规则，数据链路层的工作原理类比为快递包裹的传递过程，网络层的路由选择则与地图导航相类比。通过这些贴近生活的类比，学生能够在轻松愉快的氛围中，迅速抓住复杂概念的核心要点，从而大大降低学习难度，提高学习效率。

（一）总体设计方案

“计算机网络”课程的教学设计在启动之前，就明确界定了前导课程的学习要求，这是确保学生能够顺利掌握“计算机网络”课程内容的关键一环。前导课程，诸如“计算机组成及系统结构”“微型计算机技术”“程序设计”“操作系统原理”，为学生铺垫了必要的硬件和软件知识基础。通过“计算机组成及系统结构”，学生得以深入理解计算机系统的基本构成和各部件的工作原理；“微型计算机技术”则进一步强化了学生对微型计算机硬件系统的认识；“程序设计”培养了学生的编程思维和实践能力，使他们能够编写并调试程序；“操作系统原理”则揭示了操作系统中进程通信、资源管理等核心机制，为学生理解计算机网络中的通信和资源共享提供了理论基础。这些前导课程的知识积累，为学生学习“计算机网络”这一复杂而有趣的课程奠定了坚实的基础。

“计算机网络”课程的核心教学目标聚焦于以下两大方面。

一是知识与技能的全面提升。该目标要求学生全面掌握计算机网络的基本概念和理论框架，不仅具备扎实的网络基础知识，还能灵活应用各种网络技术来解决实际问题。这包括但不限于网络规划、组网实施、故障排查及性能优化等方面，从而培养学生的网络组网能力和解决实际问题的能力。

二是系统设计与优化能力的培养。该目标要求学生理解计算机网络系统中复杂多变的因素，以及如何通过科学的方法进行优化。学生将学会如何在保证网络结构简洁性的同时提升网络的整体性能，设计出既高效又稳定的网络解决方案。这一目标的实现，将极大地提升学生的系统思维能力和创新能力。

为了实现上述教学目标，课程内容被精心划分为五大模块，紧密围绕计算机网络体系结构展开。

1. 物理层

该模块探讨数据传输的物理媒介、信号编码、传输速率及信道特性等基础知识，为学生理解网络硬件知识打下基础。

2. 数据链路层

该模块介绍帧结构、差错控制、流量控制及媒体访问控制协议，如以太网、PPP 等，帮助学生掌握数据链路层的工作原理。

3. 网络层

该模块深入分析 IP 协议、路由算法、子网划分及地址解析协议，培养学生的网络规划与设计能力。

4. 传输层

该模块重点讲解 TCP/UDP 协议、端口号管理、拥塞控制及流量控制机制，提升学生的数据传输认知与连接管理能力。

5. 应用层

该模块涵盖 DNS、HTTP、FTP、SMTP 等常用应用层协议，以及套接字编程基础，提升学生的网络应用开发技能。

在教学方式上，“计算机网络”课程采用理论授课与上机实验相结合的方式，理论授课负责传授理论知识，而上机实验则通过动手实践加深理解，两者相辅相成，共同促进学生知识与技能的全面提升。

（二）类比教学法

在“计算机网络”课程的教学中，许多概念和技术常常令学生感到困惑。为了帮助学生更好地理解和掌握这些复杂的知识点，我们引入了一种类比教学法。这种方法不仅将枯燥的理论转化为易懂的实际场景，还能通过增加趣味性激发学生的兴趣，从而提升教学效果。

1. 体系结构

计算机网络体系结构作为“计算机网络”课程的核心与基石，是学生深入理解和把握计算机网络精髓的关键所在。这一知识体系不仅揭示了网络通信的内在机制，还为学生后续的网络技术学习与应用提供了坚实的理论支撑。然而，由于计算机网络体系结构的复杂性和抽象性，它往往成为学生理解过程中的一大难题，特别是其背后的设计思想——分层模型，更是让许多学生感到困惑不解。

分层模型是计算机网络体系结构的精髓所在，它将整个网络通信过程巧妙地划分为多个独立的层次，每个层次都承担着特定的功能，各个层次相互协作，共同完成了数据的传输与处理。这种设计不仅提高了网络的灵活性和可扩展性，还使得网络协议的开发与维护变得更加便捷。

为了帮助学生跨越这一理解障碍，我们采用了一种生动形象的类比方法——将计算机网络的体系结构比作建房子的设计图。在建筑领域，房子的设计图详尽地规划了每一层的功能与布局，确保了整个建筑结构的稳固与实用。底层作为整个建筑的基础，承担着承重和支撑的重任，为上层提供坚实的依托。上层则依赖于下层所建立的基础，进一步实现自己的功能，如居住、办公、娱乐等。

同样，在计算机网络的各个层次中，下层也扮演着类似的角色。它为上层提供必要的服务与支持，如数据链路层提供的帧传输服务，网络层提供的路由选择服务等。这些服务确保上层能够专注于实现自己的功能，如传输层负责数据的可靠传输，应用层则负责为用户提供各种网络服务。正是通过这种分层协作的方式，计算机网络才能够实现高效、稳定的通信过程。

通过这种类比方法，我们希望能够帮助学生更加直观地理解计算机网络体系结构的设计思想，以及分层模型在其中的关键作用。同时，我们鼓励学生将这种类比方法应用到其他抽象概念的学习中，激发他们的学习兴趣和创新思维。

2. 数据包的封装

在计算机网络的学习过程中，数据包的封装问题往往是让学生感到困惑的另一大难点。为什么每一层在数据处理过程中都要加上头部甚至尾部信息？这些额外的信息看似冗余，实则在网络通信中具有重要作用。为了帮助学生更好地理解这一复杂而微妙的过程，我们采用了另一个生动形象的类比——将数据包的封装过程比作包裹的运输问题。

想象一下，当我们需要寄送一个包裹时，它首先会以一个简单的形态出现在我们面前，这个形态可以看作是应用层生成的原始报文。这个报文就像是一个待发送的包裹，里面装着我们需要传递的信息或物品。然而，我们要让这个包裹能够顺利地到达目的地，还需要经过一系列的封装和处理过程。

首先，传输层会对这个包裹进行第一次封装。在这一层，包裹会被加上一个传输层头部，这个头部包含关于包裹如何被可靠传输的信息，如端口号、序列号、校验和等。这就像给包裹贴上了一个标签，指示着它应该被送到哪个接收者手中，以及如何确保它在运输过程中的安全。

其次，网络层会对这个已经加上了传输层头部的包裹进行第二次封装。在这一层，包裹会被加上一个网络层头部，这个头部包含关于包裹如何被路由到目的地的信息，如源 IP 地址、目的 IP 地址、协议类型等。这就像给包裹制订了一条详细的运输路线，指示着它应该如何被转发到不同的转运点。

最后，网络接口层会对这个已经加上了传输层头部和网络层头部的包裹进行第三次封装。在这一层，包裹会被加上一个数据链路层头部和一个尾部（如果使用的是某些特定的数据链路层协议，如以太网），这些头部和尾部包含关于包裹如何在物理链路上传输的信息，如帧起始符、帧长度、帧校验序列等。这就像给包裹准备了一个适合运输的包装箱，并确保它在装到运输工具上时能够保持稳定和安全。

通过这样的类比，我们可以清晰地看到，每一层在数据包封装过程中所添加的头部或尾部信息，都是为了确保数据包能够在网络通信过程中被正确地识别、处理和传输。这些额外的信息虽然看似增加了数据包的复杂性，但实际上为网络通信的可靠性和效率提供了坚实的保障。希望这样的类比方法能够帮助学生更加深入地理解数据包的封装问题，并激发他们对计算机网络学习的兴趣和热情。

3.CSMA/CD 协议

在数据链路层，CSMA/CD 协议的理解也是一个难点。学生需要掌握为什么共享信道需要访问控制协议，以及 CSMA/CD 协议如何有效地解决冲突问题。我们通过将其类比为师生共享教室的情景进行讲解。教室是一个共享的空间，如果多人同时讲话，沟通就会失败。因此，在教室内，遵守纪律是确保教学活动顺利进行的基础。同样，在数据链路层，CSMA/CD 协议允许设备在信道空闲时传输数据，但一旦发生冲突，设备必须停止发送并等待一段时间，这样能够有效避免数据冲突，确保信息传递的正常进行。

4.IP 编址与 NAT

网络层中的 IP 编址也是学生常常感到难以理解的内容，特别是如何理解 IP 地址的分类、子网和无类别域间路由等概念。为了帮助学生更清楚地理解，我们将其类比为快递包裹的邮寄问题。每个 IP 地址就像是包裹的收件地址，只有地址唯一才能确保包裹准确无误地送到目的地。私有地址就像是虚拟的邮寄地址，需要通过 NAT（网络地址转换）来与外网进行通信，这就像需要给包裹“换个马甲”才能顺利到达外面的世界。通过这种类比，学生能轻松地掌握 IP 编址和 NAT 的实际应用。

5. 拥塞控制

运输层的拥塞控制也是一个复杂的概念，学生需要理解流量控制和拥塞控制的异同及其应用。为了帮助学生更好地理解这一概念，我们通过类比交通堵塞来进行讲解。当车辆数量超出道路的承载能力时，就会发生交通堵塞。在这种情况下，交通管理部门会采取限行、管制等措施来疏导交通，避免更加严重的堵塞。网络中的拥塞控制就类似于交通管理，通过限制数据流入网络，确保网络不会过载，保持稳定的通信质量。

二、提高“计算机网络”课程教学的趣味性

提高“计算机网络”课程教学的趣味性，关键在于将抽象理论与现实生活紧密结合，采用多样化的教学方式。通过这些方式，“计算机网络”课程将变得更加生动有趣，有效提升学生的学习动力和参与度，使原本抽象复杂的网络知识变得更加生动易懂。

（一）通过改变教学方式提高“计算机网络”课程的趣味性

在“计算机网络”课程中，许多知识点相对抽象，例如双绞线的概念和接线标准。传统的教学方式通常要求学生死记硬背双绞线的特性和标准，这种方式虽然短期内有效，但往往难以让学生在长期内保持兴趣与记忆。因此，为了让学生更深入理解和掌握这些知识，我们尝试了新的教学方式。具体来说，在讲解双绞线相关内容时，我们引入了多媒体工具，如图片、视频及微课程等，并在课后安排了实践性强的实训课。通过动手操作，学生不仅了解了双绞线的基本知识，还实际掌握了双绞线的接线方法与制作过程。这种方式不仅提升了学生的操作能力，还让他们从实践中体会到学习的趣味性，进而激发了他们持续学习的兴趣。

（二）通过应用现代教学设施提高“计算机网络”课程的趣味性

随着计算机技术的不断发展，现代化的教学设施也逐渐进入课堂，尤其是各类计算机辅助教学软件和自制教学课件，成为教师教学的得力工具。这些现代教学设施的运用，使得课堂变得更加生动和互动化。针对学生对手机游戏的兴趣，我们创新性地开发了一个网络平台——“一起作业”。在这个平台上，教师可以提前发布下节课的内容，包括微课、PPT 等教学资源，学生在课前通过平台进行预习，并通过完成在线练习来检测学习效果。为了鼓励学生积极参与，平台设置了奖励机制。例如，表现优秀的学生可以获得虚拟奖励，如“学豆”，甚至可以兑换成实物奖品，提升学生的学习动力。

第二节　激发学生的创造性思维

在计算机网络实验教学中，学生创新能力的培养已经成为高等教育中不可或缺的一部分，尤其是对于计算机这一实践性强的学科来说，学生创新能力的提升显得尤为关键。为了有效地培养学生的创新意识、创新思维和创新技能，我们提出了一种分阶段的创新能力培养方案，即通过创新意识的激发、创新思维的拓展及创新技能的培养三步法来系统地推进学生创新能力的提升。首先，在实验内容的设计上，我们采取了分层次、多类型、综合化和一体化的设计方法，力求让学生在不同层次的实验中，既能够接触到基础知识，也能够参与复杂应用的实践，从而提升他们的综合能力和创新意识。其次，在教学方法上，我们推行自主化和开放式教学，鼓励学生自主思考、探索问题，并提出解决方案，这样既能激发学生的兴趣，又能培养他们独立解决问题的能力。最后，我们借助学科竞赛和创新实践基地的资源，进一步提升学生的实践操作能力，并通过实际的创新项目与任务，激发他们的创造性思维，逐步构建一个促进学生从理论到实践、从基础到创新的全面能力提升体系。

一、面向创新能力培养的教学思维

创新能力是个体将已知信息、知识和经验等转化为具有独特性、创新性并具备社会或个人价值的成果的能力，它涵盖了创新意识、创新思维和创新技能三个方面。在培养学生创新能力的过程中，我们必须从这三个方面入手，系统性地进行教学设计与实施。

在计算机网络实验教学中，我们主要从实验内容的设计与教学方法的改革两个方面入手，力图通过激发学生的创新意识、锻炼创新思维，并强化创新技能，全面提升学生的创新能力。在实验内容的设计上，我们不仅要关注课程内容的基础性和前沿性，还要确保实验项目能兼顾深度与广度，既注重基本理论的掌握，也引导学生接触和探索先进技术。因此，我们通过精心设计多层次、多类型、综合化的实验任务，逐步培养学生的创新意识、创新思维和创新技能。同时，我们应加强开放式和自主选择的实验项目，使学生能够在实践中激发自己的创新思维、提升解决问题的能力。

在实验教学方法上，我们围绕创新能力培养的目标，构建了阶梯式的教学模式。这种模式首先通过自主和开放式的实验设计，培养学生的创新意识、创新思维和创新技能；其次，通过创新实践项目来深化学生创新思维的拓展和创新技能的提升；最后，通过参与竞赛活动来进一步强化学生的创新技能，推动他们将理论与实践紧密结合，提升他们解决复杂问题的能力。

二、面向创新能力培养的实验内容设计

实验内容设计在学生创新能力的培养中起着至关重要的作用。首先，实验内容要与理论课程紧密结合，确保学生通过实验加深对计算机网络基本理论的理解和掌握。创新往往来源于对已有知识的深入思考和发展，学生只有扎实掌握网络原理与技术，才能在此基础上提出具有创造性和前瞻性的想法。其次，实验内容

要具有新颖性，及时引入最新的网络技术和前沿知识，激发学生的学习兴趣与探索精神，从而有效地培养他们的创新意识、创新思维和创新技能。

除了确保实验内容本身的质量，实验内容的设计方法也很重要。在学生创新能力培养的实验内容设计中，我们采取了以下策略。

（一）实验内容层次化

实验内容被分为基础层次和提高层次。基础层次实验侧重于帮助学生巩固基础知识，包括物理层、数据链路层、网络层、传输层和应用层的实验内容，如网线制作、组网、网络配置等，旨在提升学生的动手实践能力和基础理论的应用能力。通过这些实验，学生能够在实际操作中理解和验证网络原理，提升解决实际问题的能力。在提高层次实验中，设计了如协议实现、原理改进、应用创新等难度较高的实验项目，涉及互联网协议、无线网络技术等先进技术。

（二）实验类型多样化

我们将实验类型划分为分析验证型、综合设计型、研究探索型和自主创新型四类，每种类型都有其特定的目的和培养方向。分析验证型实验侧重于验证和分析网络协议和原理，通过实验加深学生对理论知识的理解，并培养学生的分析能力；综合设计型实验要求学生在教师指导下，通过现有设备和工具进行设计与分析，培养他们的综合运用能力；研究探索型实验则要求学生深入探索新技术、新协议和新理论，培养其科研精神和创新能力；自主创新型实验完全由学生自主发现问题、设计方案、实施实验，培养他们独立思考和创新的能力。

（三）实验方法综合化

在实验内容设计中，我们融入多种教学方法，结合了网络配置、网络编程与仿真实验等方式。例如，学生通过在真实的网络设备上进行组网配置，能更好地培养其工程实践能力，并加深其对网络原理的感知。同时，结合网络编程进行实验，能帮助学生深入理解协议与通信原理，激发他们的创新思维。此外，仿真实验，特别是在无线网络和软件路由器等领域，能够达到实际操作无法达到的实验效果，支持学生进行更具挑战性的研究和创新实验。

（四）课内外实验一体化

我们设计了软硬件相结合的实验平台，为学生提供真实的网络实验环境。在实验安排上，大部分基础实验可以在课内完成，而编程实现、综合设计、研究探索及自主创新等更具挑战性的实验，可以安排在课外进行。

三、面向创新能力培养的实验教学方法

面向创新能力培养的实验教学方法对于高校教育具有深远的意义。它能够有效激发学生的创新思维与实践能力，培养学生的探究精神与团队合作意识，提升整体教学质量，满足社会对创新人才的需求，并推动教育的改革与发展。

（一）打破传统统一要求的教学模式，推行自主化和开放式教学

传统的实验教学模式受到实验室管理、设备限制及统一要求的影响，往往缺乏学生自主选择和个性化培养的机会，限制了学生创新能力的提升。为了提升学生的创新能力，我们在实验教学中打破传统的统一要求，采取灵活多样的教学方法，设定普适的基本要求，同时推行实验内容和考核方式的多样化。在实验内容方面，我们引入了层次化教学，分为基础层次实验和提高层次实验。对于基础层次实验，除了完成统一要求的实验，学生可以根据兴趣选择其他额外实验项目，这些项目不限于课程要求，鼓励学生使用多样化方法来培养创新思维。提高层次实验则采用“教师引导，学生主导”的模式，教师提供多个实验方向和建议，学生自主选择方向、提出问题、设计方案并实现，培养学生独立解决问题的能力和创新意识。

在实验过程中，对于基础层次实验，我们提供了每次四个小时的集中实验时间，同时配有可供课外使用的软件实验平台，支持学生自主安排时间进行实验；而提高层次实验则在更加开放的环境中进行，学生可以根据需求选择实验环境与设备，拥有更大的自主性。在考核管理上，我们采取开放式考核方式，基础层次实验通过动手实验、报告和期末考试等进行综合评定；提高层次实验则通过项目管理模式，进行开题申请、中期检查和结题答辩等环节，教师对整个过程进行跟踪与指导，最终对成果和实验报告进行考核。

（二）以竞赛为载体培养学生的创新能力

竞赛在计算机网络实验教学中发挥着重要作用，它不仅能激发学生学习计算机网络的兴趣，更能提升学生的创新能力。类似“全国大学生数学建模竞赛”的竞赛活动，不仅要求学生深入理解计算机网络的基本知识和原理，还要求学生具备较强的探索精神和创新意识。通过竞赛，学生不仅能够应用所学的知识解决实际问题，还能够在激烈的竞赛氛围中提高解决复杂问题的能力和创新能力。此外，竞赛还能够激发学生的潜能，培养他们的团队合作意识和工程实践能力，是促进学生创新思维和创新技能提升的重要平台。

（三）借助创新实践基地培养学生的创新能力

创新实践基地在推动高校教育改革和培养创新人才方面具有重要意义。我们搭建了先进的计算机网络技术创新实践基地，为学生提供了一个从本科到博士的多层次、多领域的创新实践平台。这个基地采用“博士牵头，硕士主力，本科参与”的教学模式，促进学科的研究与创新。在这个平台中，博士生作为创新的主力军，具备广泛的知识背景和深厚的研究经验，能够引领学生进行前沿科学研究；硕士生则处于专业领域的深入学习阶段，拥有较强的探索精神和实践能力，可以带动团队的创新工作；本科生处于专业知识学习初期，参与创新实践项目，能激发创新思维，培养实践与创新能力。

通过创新实践基地，我们不仅鼓励博士生带领硕士生和本科生一起参与创新项目，还通过创新实践基金项目的形式，鼓励跨学科合作，推动科研成果转化为实验教学内容，进而融入实验教学中。这种创新实践与实验教学的结合，不仅提升了学生的科研素养，还提升了他们解决实际问题的能力。

第三节　优化教学方法

随着信息技术的快速发展，计算机网络已经深入社会各个领域，成为现代生活和工作的核心组成部分。传统的计算机网络教学方法，往往侧重于理论知识的传授，更多的是通过讲授抽象概念和原理来完成教学任务。然而，当前对学生的要求发生了显著变化，特别是在实践能力和创新思维方面，单纯的理论教学已难以满足行业对高素质专业人才的需求。因此，优化教学方法，提升学生的实践操作能力和创新思维，已成为当前教育改革的关键。高校通过优化教学方法，不仅能够激发学生的学习兴趣，还能够提升他们的动手实践能力和解决实际问题的能力。现代计算机网络技术的应用日新月异，只有通过更具针对性和实践性的教学方法，才能帮助学生更好地适应行业发展的需求，使其具备快速解决复杂问题的能力。同时，优化教学方法有助于培养学生的团队合作意识和自主学习能力，尤其是在计算机网络这一实践性较强的学科中，团队协作和独立解决问题的能力将直接影响学生未来的职业发展。

一、网络时代高校教学方法创新的方向

随着网络时代的到来，高校传统的教学方法面临着前所未有的挑战。为了顺应时代发展需求并提升教学质量，高校教学方法的创新显得尤为重要。基于对网络时代教学需求的分析，高校应明确教学方法创新的几个关键方向。

（一）更新教育观念，树立创新思维

教育观念的更新是教学方法创新的基础。传统的教学方法侧重于教师主导的知识传授，往往忽视学生的主动参与与创新思维的培养。尽管当前的教育体系已有所改变，但这种“以教为主”的观念仍然潜藏在许多教学活动中，影响着教学质量和学生创新能力的提升。网络时代的到来要求我们打破这种传统的思维定式，重新审视教育的目标。如今的学生不仅需要掌握知识，更重要的是要具备解决实际问题的能力、创新思维，以及适应社会发展的综合素质。因此，高校必须转变教育理念，培养具备创新能力的复合型人才。教师应鼓励学生主动学习，采用启发式、探究式、合作式等教学方法，让学生在参与中培养批判性思维和创新意识，培养符合时代需求的人才。

（二）利用前沿技术，汇聚创新要素

教学方法的创新离不开技术的支持。在网络时代，科技的飞速发展为教学带来了机遇。从信息技术到人工智能再到移动互联网，这些技术的应用不仅改变了社会的生产方式，也影响着教育的模式。过去的“粉笔加黑板”教学方法已经不能满足当代学生的需求，教学设备的更新换代变得至关重要。现代化的多媒体、互联网及智能终端技术为教学方法的创新提供了无穷动力。因此，高校应当引进前沿的科技与工具，将其与传统教学方法融合，通过创新技术促进教学内容的呈现与学习过程的互动。例如，高校利用智能学习平台、自适应学习技术、虚拟实验室等工具，可以提升学生的自主学习能力，推动教学方法走向个性化和多样化。

（三）运用先进的教学手段，整合创新资源

教学手段的创新是推动教学方法创新的重要力量。随着信息技术的不断进步，远程学习、在线课程、多媒体互动等现代化手段逐渐取代了传统的教学工具。高校应积极采用新型教学手段，如虚拟现实、增强现实、智能分析系统等，为学生提供更加生动、直观的学习体验。同时，高校还要整合现有资源，构建具有网络

化基础的教室环境，通过智能化设备、互动平台及云教学平台等，支持教师灵活调动各种教学资源，让学生通过更直观的方式掌握知识，拓宽学习方式，激发学生的兴趣与创造力。

（四）提升教师的信息素养，使其具备创新素质

教师作为教育改革的实施者，必须具备足够高的信息素养。在网络时代，信息的爆炸式增长要求教师不仅要有扎实的学科知识，还要具备使用现代技术来支持教学的能力。只有通过不断提升信息素养，教师才能适应快速发展的技术环境，利用数字资源有效地进行教学设计与内容传递。此外，教师要具备创新素质，善于利用网络平台和技术工具来引导学生主动探索、合作学习、解决问题。教师不仅是知识的传递者，更是学生创新思维的引导者与启发者。

二、网络时代高校教学方法创新的策略

在探索网络时代背景下高校教学方法创新的策略时，首先需要明确当前高校教学方法的现状，这一现状的梳理为创新策略的提出提供了依据。随着网络时代的发展，传统教学方法面临着前所未有的挑战，高校需要积极应对这种环境变化，避免在外部压力下使教学方法变得被动应变。为了抓住网络时代带来的机遇，高校不仅要从战略高度推进教学方法的创新，还要以更加开放和包容的态度，积极融合互联网技术与创新思维，推动教学方法的深层次变革。

（一）创建基于微课的混合式教学

随着网络时代的到来，无线网络、视频压缩技术及移动终端的普及，信息的传播更加碎片化，学生的学习需求也发生了深刻变化。在这种背景下，传统课堂模式显得越来越无法满足新时代学生的学习需求。因此，微课这一新兴教学形式应运而生，成为多媒体教学中的重要组成部分。微课指的是教师围绕某一知识点或难点，录制的内容简短、形象生动、具有一定互动性的教学视频，通常为 5 到 15 分钟。微课的设计、开发和应用，在推动学校教育现代化的过程中发挥了重要作用，尤其是在移动学习时代，它极大地促进了学习方式的转变。

在当今高等教育环境下，受信息化与碎片化特点影响，许多学生习惯在零碎的时间里使用移动设备，这导致其在课堂上出现注意力分散、逃课现象增加等问题。为了解决这一问题，高校教师可以通过微课的引入来适应学生碎片化的学习方式。微课作为一种辅助教学工具，可以帮助学生在课前自主学习，提高

学习效率。然而，仅将微课直接融入课堂教学中，单一的短视频教学模式可能难以满足学生与教师之间的互动需求，也无法在有限的课堂时间内进行有效的教学。为此，微课应当作为传统课堂教学的补充，推动线上与线下混合式教学模式的发展，将微课与传统课堂有机结合，从而更好地满足学生的学习需求，并提高教学效果。

具体而言，基于微课的混合式教学模式可分为课前、课堂与课后三个环节。在课前，教师根据教学目标录制微视频，通过生动、精美的画面设计和清晰的讲解使学习内容更加易于理解，并在视频中插入小问题，引导学生自测学习效果。这些微视频可通过手机等移动设备推送给学生，帮助学生在课前掌握新知识。在课堂上，教师不再需要耗费大量时间讲解知识点，而是能够更专注于与学生的互动交流、讨论。通过充分的互动，学生能够在课堂上深化对知识的理解，从而达到更好的学习效果。而在课后，学生可以带着疑问观看微课，深化对知识的理解，并通过在线平台与老师和同学进行讨论与交流，进一步提升学习效果。

基于微课的混合式教学模式，最大的创新之处在于能够契合学生个性化的学习需求。短小、精炼的微课内容正好符合当代大学生注意力持续时间短的特点，能够有效促进学生自主学习。微课不仅为学生提供了个性化的在线学习材料，也为教师提供了通过数据分析和反馈来调整教学策略的机会。在个性化辅导方面，教师可以通过智慧化的教学平台，根据学生的课堂表现，发布量身定制的课后作业和学习资源，提供即时反馈。

（二）构建基于翻转课堂的协同合作式教学

在网络时代，各种技术手段被广泛应用于教育领域，传统课堂面临着前所未有的挑战，亟须创新以适应新的教育需求。其中，翻转课堂作为一种突破传统教学模式的创新模式，受到了广泛关注。翻转课堂起源于美国，也被称为“颠倒课堂”，其核心理念是打破传统课堂中教师主导知识传授、学生课后完成作业巩固知识的模式，转而通过课下学生自主学习、课上合作讨论来进行知识内化。这种教学模式基于现代信息技术，特别是互联网的支持，通过构建信息化学习环境，使得课堂时间和课外学习时间的安排发生了深刻变化。

翻转课堂通过技术手段重新设计了教学流程，特别是在知识传授和内化过程中，充分利用了互联网平台和移动学习工具的优势。在课堂上，学生通过小组讨论与师生互动，将所学的知识进行消化、巩固和内化；在课外，学生通过网络平台自主学习，获取知识。整个过程体现了自主、合作、互动三者的有机结合，逐渐成为一种颠覆传统教学模式的混合式教学模式。其核心在于“先学后教”，即学生在课外自主学习，课堂则专注于知识的内化与深入探讨。

在课堂教学中，翻转课堂通过互动与合作的方式使得学生知识内化得以有效完成。教师不再单纯地进行知识讲授，而是与学生共同探讨、分析问题。学生通过小组讨论等方式相互交流，解决学习中的问题，最后由教师进行总结与反馈。这种以学生为主体的教学模式，不仅打破了传统教学模式的师生角色划分，还促进了学生的批判性思维和表达能力的提升。同时，教师由知识的传授者转变为教学组织者和引导者，发挥出更多的辅导和引导作用。

在课外，翻转课堂依然保持着强大的学习动力，学生通过移动学习平台继续巩固和深化知识。教师根据学生的学习情况，提供相应的作业和练习题，帮助学生检查学习效果，并解决可能出现的问题。如果学生在自主学习过程中遇到困难，可以通过社交平台与教师或同学进行交流，获得及时的帮助和反馈。

基于翻转课堂的协同合作式教学模式，相比传统教学模式，具有显著的创新特点。首先，它大大增强了师生之间的互动。在翻转课堂中，教师不仅是知识的讲解者，更是学生学习的支持者和辅导者。学生则成为课堂的中心，他们在课下主动学习，课上积极参与讨论和互动，从而提高了课堂的参与度和学习效果。其次，翻转课堂强调协同合作，尤其是在小组讨论和师生互动中，培养了学生的团队合作能力和问题探究能力。学生在这种环境下不仅学习知识，还学会如何与他人共同解决问题，提升了他们的综合能力。再次，翻转课堂为学生提供了一个个性化的学习空间。学生可以根据自己的进度观看教学视频，随时暂停、回放或快进，从而按照自己的节奏掌握知识。翻转课堂的灵活性大大增强了学生学习的自主性和针对性，使得每位学生都能够在适合自己的节奏中学习。最后，翻转课堂为教学活动中的师生关系注入了更多的平等性。教师通过在线平台及时了解学生的学习状态，提供个性化的反馈与帮助，及时解决学生提出的问题。

第四节　丰富教学内容

在信息技术快速发展的背景下，丰富计算机网络教学内容具有非常重要的意义。这不仅能够扩宽学生的知识面，帮助他们更好地理解复杂的网络环境，还能够培养学生的实践能力和创新思维，进而提升他们在信息技术日新月异的时代中的适应能力。

一、网络课程概述

随着信息时代的到来，计算机技术及网络通信技术飞速发展，网络课程的学习正在渗透到社会的各个领域。如何使网络课程在较短的时间内达到较高的学习效果，教学内容的设计占了很重要的角色。

（一）网络课程的概念和特点

网络课程是通过网络表现的某门学科的教学内容及实施的教学活动的总和，包括两个部分：按一定的教学目标、教学策略组织起来的教学内容和网络教学支撑环境。这个概念体现了网络课程是基于网络传递教学信息并开展教学活动的，并充分利用了网络优势来获得最优化的教学效果[①]。

网络课程作为一种基于网络平台开展的学习方式，具有显著的灵活性和便捷性。与传统的纸质教材不同，网络课程突破了时间和空间的限制，学生可以随时随地进行学习。这一特点使得网络课程成为现代教育的重要组成部分，尤其在信息时代，它为学生提供了更加多元化的学习方式和资源。

网络课程的内容呈现形式具有高度的多样性，包括文字、图片、音频、视频和动画等多种媒体的有机组合。这种丰富的呈现形式不仅提高了学习内容的吸引力，也使得知识的传递更加生动和立体。网络课程强调教师的主导作用和学生学习的主体性。教师在课程中承担着引导、组织和反馈的职责，而学生则是学习活动的核心，他们通过自主学习和互动参与掌握知识。网络课程不仅提供教学内容，还包括与课程相关的各种材料或超链接，帮助学生进行更深层次的学习和拓展。

---

① 吴晓晶 . 计算机网络教学研究 [M]. 北京：中国纺织出版社，2023.

此外，网络课程大大增强了学习的交互性。学生可以通过在线讨论、即时交流等方式，随时就学习过程中遇到的难题向教师或同学寻求帮助，教师则通过即时反馈帮助学生解决疑惑。这种双向互动不仅让学生能够即时获得反馈，也促使学生在学习过程中更加主动参与。可以说，网络课程将教育性、多样性、艺术性与技术性融合在一起，创造了一种全新的学习体验。

与传统课堂教学内容的线性组织方式不同，网络课程的教学内容通常采用非线性超媒体或流媒体的形式呈现。通过超链接、视频流和互动模块，学生可以根据个人需求选择学习路径，随时跳转至相关内容进行深入学习。这种非线性组织方式提供了更大的灵活性和自由度，使得学生能够在不同的时间和环境下，按照自己的节奏和兴趣进行学习。然而，内容的呈现需要注意时间的控制。如果某一部分内容过长，可能导致学生的注意力分散，反之，内容过短则可能无法全面传达知识要点。因此，合理的时间安排和内容设计，对于提高学习效果至关重要。

（二）网络课程教学内容的设计

网络课程教学内容的设计是课程整体设计中的关键环节，它直接决定了学生学习效果的优劣。精心设计的教学内容不仅能为学生提供系统的知识，还能激发学生的创新思维和探索兴趣。网络课程的教学内容既要符合学科特点，又能有效地满足学生的学习需求，设计时需要综合考虑学生的特征、学习目标，以及内容呈现方式。好的内容设计不仅要关注知识的传达，还要通过合理的资源配置，激发学生的思考和实践能力。

1. 教学内容的选择

网络课程教学内容要根据学科特性、学习对象及学习目标进行合理选择。选择内容时，首先要确保所选的知识具有系统性和层次性，可以帮助学生逐步构建起知识框架。其次要兼顾学生的兴趣、学习背景及知识水平，选取与学生已有知识经验相关且具有吸引力的内容，以提高学生学习的参与感和主动性。例如，关于计算机网络知识，教学内容应特别注重理论与实践的结合，尤其是信息技术知识，内容要能够涵盖网络技术的前沿发展与应用实例，让学生更好地理解理论知识如何在实际中应用。

2. 教学内容的组织与呈现

教学内容的组织是课程设计中的核心步骤，合理的内容能使学生更容易掌握知识。在组织教学内容时，应根据知识的逻辑关系进行分组，确保每个模块或章节的内容有清晰的主旨和目标。例如，将内容按概念、原理、应用等不同维度划分，并按照从简单到复杂的顺序安排学习内容。在呈现教学内容时，应选择合适的方式。例如，文字、图形、表格、案例分析等都可以作为有效的呈现方式。合理布局课程界面的内容，将重要信息突出，并注意动画和互动元素的设计，使课程界面简洁且富有吸引力，使学生能更好地集中注意力进行学习。

3. 教学内容呈现媒体的选择

在呈现教学内容时，媒体的选择要根据内容的性质和目标来决定。现代网络课程可以通过文字、图片、动画、视频等多种媒体形式来展示知识，但并不是使用越多的媒体形式越好，而是要根据教学内容的特点和需求进行合理搭配。例如，对于需要详细解说的复杂概念，使用文字和图表进行清晰的呈现是理想的，而对于需要直观演示的操作步骤或动态过程，视频或动画效果则更能提高学习效果。需要注意的是，所使用的媒体形式要前后一致，确保风格统一。例如，如果课程中使用了卡通风格的插图，最好在整个课程中保持这种风格，以增强课程的连贯性，并提高学生的记忆效果。

4. 教学内容风格的选择

教学内容风格需要充分考虑学生的特点，确保能够激发学生的学习兴趣，并提高知识的记忆效果。首先，教学内容风格要符合学生的认知习惯和学习需求。例如，对于大学生，课程可以采用更加活泼、富有创意的设计风格；对于技术性较强的内容，风格则可以更加简洁、精准。其次，教学内容风格应能够突出课程的主题，使学生能够在较短的时间内记住核心内容并产生深刻印象。最后，教学内容风格要尽量简洁、明了。每个模块或知识点的设计要精准、高效地传达关键信息，去除不必要的干扰，确保学生能够在有限的时间内获得最大的学习效益[①]。

二、计算机网络技术教学内容项目化研究

在现代教育中，培养具备扎实专业知识和强大实践能力的应用型人才已成为教育的核心目标。尤其在计算机网络技术领域，学生不仅需要掌握扎实的理论知识，还必须具备良好的实践操作技能。然而，计算机网络技术由于覆盖面广、知识点繁杂，单靠传统的课堂教学无法全面促进学生能力的发展。因此，对计算机

① 余琳皖．高职计算机教学中学生创新能力培养的策略探究 [J]. 福建轻纺，2024（3）：84-87.

网络技术的教学内容进行项目化研究显得尤为重要。

（一）计算机网络技术应用项目化教学的必要性

当前，许多高校的计算机网络技术教学存在着重理论、轻实践的问题。大多数教材由非专业人士编写，教学内容直接依赖于课本的删减或改编。这种做法虽然方便，却忽视了课程内容的专业性和实用性，导致理论教学与实际操作严重脱节。特别是对于计算机网络技术这样一个充满实践操作的学科，传统教学将一些实践性的知识仅作为理论内容来讲解，或者过分强调理论教学而忽略了实践环节的必要性，造成了学生在学习中无法有效地将理论与实际相结合，从而严重影响了教学质量和学生综合能力的提升。

（二）计算机网络技术实施项目化教学的可行性

项目化教学是一种以实际任务为导向的教学方法，具有强烈的实践性，能够模拟真实工作中的情境。在这种教学方法下，学生从实际出发，明确目标、制订计划、实施并总结，这一过程与实际工作任务高度契合。计算机网络技术的项目化教学正是根据这一原理，组织教学内容，围绕具体任务展开，通过实际操作的方式让学生不仅掌握理论知识，更能在实际中锻炼解决问题的能力。通过项目化教学，学生能更好地理解理论知识与实际工作的关系。在这一过程中，学生不仅要通过项目任务来整合和应用所学的知识，还要根据实际情况进行创新和调整，从而提高专业知识的掌握程度和技能水平。项目化教学的实施，帮助学生在接触实际工作之前，熟悉了模拟的工作环境，使他们能在毕业后更快地适应岗位要求，提升就业竞争力。更重要的是，项目化教学有助于建立学校与社会之间的联系。高校通过与企业的合作，设计接近实际工作岗位的项目，使学生在学习过程中提前了解行业需求，培养与行业接轨的能力。

（三）计算机网络技术项目化教学实施流程

计算机网络技术的项目化教学将网络工程的实际应用作为教学目标，培养学生在网络软硬件方面的操作能力。其核心理念是将“教、学、做”有机融合，摒弃传统的、过于理论化的教学方法，加入更具实践性和实用性的知识内容。项目化教学通过对教材内容的优化更新，确保教学内容与计算机网络技术的最新发展同步，并考虑社会需求及学生未来职业发展的需要，从而制订高效、可行的教学计划。

下面以“网络基础知识”为例，介绍项目化教学的具体实施流程。

1. 提出项目

项目化教学的第一步是明确教学内容。在网络技术课程中，基础知识是教学的核心内容，但这些知识通常较为抽象，单纯进行理论讲解容易让学生感到枯燥。因此，为了提高学生的学习兴趣和参与度，可以适当调整教学内容。以“从市场了解网络及对网络的理解”为例，项目教学从真实的市场背景出发，让学生通过市场调研了解网络产品及其实际应用。

2. 分析项目

在提出项目后，接下来的任务是深入分析项目内容。由于一些网络基础知识较为抽象，理论教学容易让学生感到难以理解，因此可以通过项目分析来帮助学生更好地掌握知识点。在这个过程中，学生不仅学习网络产品和相关知识，还需要在市场调研中了解行业需求。

3. 理论与实践结合

项目化教学的关键在于将理论与实践紧密结合。在“从市场了解网络及对网络的理解”的项目中，教学内容不仅包括理论知识，还涉及实验教学、技能实训、市场调研等多个环节。实践部分的时间延长，使得学生能够在实际操作中深入理解和应用所学的理论知识。在这一过程中，学生不仅能够掌握网络基础知识，还能够通过市场调研了解到如何运用这些知识解决实际问题，提升了他们的综合能力。

4. 完成项目

项目的完成既可以是个人独立完成，也可以是小组合作完成。在项目进行过程中，学生需要通过网络查找相关资料，并对搜集到的信息进行分类和整合。

5. 总结评价

项目完成后，教师需要及时对项目报告进行评价。评价不仅是对项目成果的检验，更是学生自我总结和反思的重要机会。在总结阶段，学生需要对自己在项目中遇到的问题和不足进行分析，并总结经验教训。为了鼓励学生持续进步，教师应采用激励机制，比如评奖评优，对表现优秀的学生进行奖励，激发学生在未来项目教学中的积极性和创造性。

（四）计算机网络技术项目化教学中需要注意的问题

在计算机网络技术项目化教学过程中，有几个关键问题需要特别关注。确保这些问题得到妥善解决，不仅有助于提升学生的实践能力和团队合作精神，还能保证教学过程的顺利进行，最终显著提高教学的效果和质量。

1. 提高教师的知识素养和专业技能

项目化教学的顺利开展依赖于教师的丰富知识和高超技能。一位优秀的教师不仅需要具备先进的教学理念，还应有扎实的专业背景和对行业的深刻理解。在设计项目时，教师需要将自己的专业知识和技能与社会需求及学生发展需要相结合，以确保所设计的教学项目具有较高的可行性和实际应用价值。

2. 发挥教师的指导作用和学生的主体地位

项目化教学强调学生的主动参与和自主学习，而教师不再是单纯的知识传递者，而是变成了引导者和辅导者。在传统教学模式下，教师采用灌输式讲授知识，学生往往处于被动接受的状态，缺乏实际动手操作的机会。在项目化教学中，教师应当注重引导学生提出问题、独立思考，培养学生的创新精神和解决实际问题的能力。在课堂上，教师不仅需要解答学生的疑问，还要鼓励学生提出新的想法，培养其逻辑思维和批判性思维能力。与此同时，学生应当被视为课堂的主体，通过主动参与、合作探讨等方式，发挥其在学习中的积极作用。

3. 提高项目的针对性和实用性

计算机网络技术项目化教学旨在提升学生的实际操作能力，并增强其对未来职业岗位的适应性。因此，教师在设计项目时，必须紧密结合行业需求和岗位要求，明确教学目标，确保项目内容的针对性和实用性。项目应与实际工作环境和技术标准相契合，帮助学生通过实践了解和掌握网络技术的应用。通过项目化教学，学生不仅能理解理论知识，还能在实际操作中获得实践技能，从而提高就业竞争力。项目化教学的优势在于，它能够将理论学习与实践操作紧密结合，使学生能够在真实的情境中应用所学知识，培养其问题解决能力和创新思维。然而，在实施过程中，教师需要特别关注项目的设计和实施，确保项目内容的实用性、可操作性，以及与学生实际需求的契合度。

三、网络教学平台课程教学内容及教学效果优化

随着信息技术的发展，网络教学平台已经成为大多数高校开展现代化教学的

关键工具。然而，尽管这一平台具有巨大的潜力，在实际应用中平台的利用率仍然偏低，许多平台的资源仅仅停留在数字化媒介的使用、传统课程内容的重复呈现上，或者是对网络教学资源的简单拓展。这种方式未能有效吸引学生利用信息技术提升他们的学习自主性。

在这一背景下，网络教学平台的使用应当超越传统的课堂教学模式，成为一种辅助教学的有力工具。教师应通过这一信息技术手段，打破传统的教师主导型课堂教学模式，转而引导学生发展自我学习能力，培养信息素养，深化职业技能，并激发创新能力。这样不仅能够促进学习过程的重塑，还能实现信息技术与课堂教学的深度融合。

网络课堂的设计应注重交互性，而非仅仅是简单的网络教学。在这种模式下，学生成为学习的主体，能够主动进行自主探究和协作学习，积极参与网络课程的全过程。具体而言，学生在课前的学习路径包括进入平台的“网络课堂”模块，选择自己感兴趣的专题，进入学习资源库查询相关文献和资料，进一步研究专题后，进入“网络自主课堂”，独立思考并解决专题中的学习问题。接下来，学生可通过“网络虚拟实训室”进行技能模拟，提升操作能力，并通过“答疑讨论”区与教师及同学进行互动交流。这些环节都可以在移动设备上进行，利用网络课堂获取最新的学习资讯，从而实现学习的灵活性与便捷性。

完成课前学习后，学生将带着自己的独立思考进入课堂，教师则采用翻转课堂的模式，通过任务驱动的方式开展专题拓展活动，教师在其中扮演引导与协助的角色。课后，学生通过多元评价的方式巩固学习成果，确保学习的全面性和深度。在这一过程中，学生不仅能够自主学习，还能通过师生之间、学生之间的互动，获得更为丰富的学习体验。

此外，考虑到学生普遍偏好使用移动设备进行学习，网络课堂还可以利用微信平台开发“特色微课堂”，这种微课堂与主平台互为补充，进一步提升学生自主学习的效果。通过这一综合性的学习平台，学生能够根据个人兴趣和差异化的需求，选择不同难度的专题进行学习，从而实现个性化学习。

基于网络教学平台的网络课堂能够有效整合并丰富教学资源，构建资源库和专题学习项目，帮助学生自主学习，并通过虚拟实训室和微课堂帮助学生实现在线学习。同时，答疑讨论区为学生提供了多向互动的空间，翻转课堂模式的实施保证了学生学习的深度和广度。通过这一平台，学生的学习路径可以更加多元化、个性化，而多元评价体系则有助于全面评估学生的学习成果。这一教学模式有效弥补了传统大班授课中的教学局限，提供了更大的自由度和灵活性，使师生间的互动更加充分，并通过技术手段提升学生的学习能力和教师的教学水平。

网络课堂能够改善网络教学平台利用率低、学生参与度低的现状，推动信息化教学的深度应用。借助网络教学平台的资源丰富性、更新速度快、交流渠道的多样性及自主学习的优势，学生能够在自主学习和协作学习中提高学习效率。

第五节　实施分级教学

计算机网络技术推行分级教学，是基于学生在计算机知识背景和学习能力上的差异做出的决定。每个学生的基础不同，学习速度各异，因此，分级教学能够为不同水平的学生量身定制合适的教学策略，使他们能够以最适合自己的方式进行学习。通过这种分级教学方法，学生既不会因为课程内容太难而感到压力过大，也不会因为内容过于简单而产生乏味感。这种方法不仅能够激发学生的学习动力和兴趣，还能够有效促进他们在个人能力上的全面发展。更重要的是，分级教学有助于教师更合理地配置和使用教学资源，使得教学活动更为高效，进而显著提升整体的教学质量和效果。

一、计算机网络技术分级教学简析

计算机网络技术实施分级教学，旨在适应学生不同的计算机基础与学习能力，确保每位学生都能获得合适的学习内容，从而提升教学效果，促进学生个性化发展，实现因材施教的教学目标。

（一）所有专业都应注重网络基础知识的讲授

在当今互联网时代，网络中蕴含了海量的信息资源。学生学会使用互联网，就意味着掌握了现代化的通信方式，能够在信息的浩瀚海洋中轻松获取对自己有用的内容。因此，关于网络基础知识需要掌握以下内容。

首先，互联网的通信协议是网络工作的根本。由于网络中的数据传输和交互非常复杂，所有参与通信的计算机都必须遵循一定的规则，这些规则的集合便是

“协议”。其中，TCP 协议是互联网上最重要的一组协议，它包含多个子协议，支持网络中的各种应用，如 SMTP 协议（用于电子邮件的基本协议）、HTTP 协议（用于万维网浏览的基本协议）等。

其次，互联网的核心价值之一便是提供各种信息服务，满足不同应用的需求。常见的服务包括远程登录、电子邮件、电子布告栏和文件传输协议等。掌握这些常见的服务，可以让我们在互联网上高效地实现信息的交换与共享。

再次，信息检索是互联网中的一项重要功能。作为一个覆盖全球的大型网络，互联网中的每台计算机几乎都能成为信息源。因此，掌握一些有效的信息检索工具，能够帮助用户迅速找到所需的信息资源。

最后，超文本标记语言在信息发布和展示方面具有不可替代的作用。浏览器是互联网中最常用的工具之一，它凭借强大的超媒体功能和信息发布能力成为信息传播的核心平台。如今，许多企业和机构都在使用自己的网络服务器来发布主页，推广产品或服务。这些主页的创建和描述就是通过超文本标记语言来实现的。超文本标记语言是一种简单且功能强大的语言，任何人都能通过它来发布信息，快速搭建自己的网络平台。

（二）计算机专业的网络教学应深入

计算机专业的网络教学需要在学生掌握基本的互联网应用知识后，继续深入讲解更多的网络知识，从而扩大学生的技术视野。网络教学的内容可以分为两个部分：网络的规划和设计、网络编程和系统开发。

1. 网络的规划和设计

（1）网络的拓扑结构和协议

网络的拓扑结构堪称网络设计的根基，作为构建网络的第一步，其重要性不言而喻。像总线型、星型、环型等拓扑结构，各有优劣，决定着网络的布局与数据传输路径。同时，挑选适配的通信协议，理解各类协议的功能及相互关系，是保障网络高效、稳定运行的关键所在。

（2）电缆、工作站和服务器

硬件作为网络建设的基础设施，犹如大厦基石般关键。在计算机网络教学中，学生必须深入了解交换机、路由器、服务器等各类网络设备。通过理论学习掌握其工作原理与性能特点，借助实践操作亲自动手完成硬件的安装与配置，以此积累实践经验，为构建稳定的网络奠定基础。

（3）网络操作系统和客户端软件

网络操作系统和客户端软件作为网络应用的核心组成部分，其重要性不容小觑。在实验室环境下，学生需仔细考量设备配置情况，如果实验室设备硬件性能强大，可选择功能丰富的 Windows Server 系统；如果追求开源与灵活性，Linux 系统则更为适宜，以此展开系统软件的深入学习与实践操作。

（4）数据备份、安全和打印管理

网络管理在评估网络系统管理人员的能力时起着关键作用。学生应学会如何应对网络中可能发生的各种情况，掌握网络管理中的基础技术和技能。这一阶段的学习内容不宜过于深奥，重点是让学生有足够的时间进行实际操作，通过实践来加深对网络管理各个方面的理解。

2. 网络编程和系统开发

（1）ISIRM 协议原理与算法

网络教学中将以 ISIRM（开放系统互联参考模型）为基础，深入讲解各层协议的原理和相关的算法。作为一个被国际标准化组织提出的模型，ISIRM 因其结构合理、概念清晰，在网络教学中具有重要的参考价值。它为学生提供了一个全面理解网络协议及其运作机制的框架。

（2）小型网络系统开发

尽管目前有许多成熟的网络软件，现实中有时仍需开发符合特定需求的小型网络系统。学生将学习如何在 DOS 环境下进行 RS-232 串行通信，以及在 NetBIOS 或 Novell Network 环境下进行 IP 或 SP 协议的网络编程，以提高其网络编程能力。

（3）FoxBASE 数据库在网络中的应用编程

FoxBASE 是一种简洁且实用的数据库，广泛应用于各种项目中。网络课程应特别强调如何在网络环境中进行 FoxBASE 数据库编程，特别是如何保证多用户环境下的数据完整性和安全存取。尽管大部分数据库教学聚焦于单用户编程，网络课程则应补充这部分内容，使学生具备更全面的数据库编程技能。

二、计算机文化基础课程网络化分级教学

在当今社会，计算机已经广泛应用于各个行业，成为推动经济和社会发展的重要力量。计算机技术不仅改变了人们的工作方式，还深刻影响了整个社会的经济结构。计算机文化基础课程作为计算机教学的入门课程，其质量和效果直接关

系到学生学习计算机的基础能力。随着计算机技术和网络技术的不断进步，它们已经成为推动现代社会经济发展的重要技术支撑。因此，培养高素质的计算机专业人才，是当前教育面临的重要任务。

然而，在计算机文化基础课程教学中，当前存在一些问题，影响了学生对计算机基础知识的全面掌握。这些问题主要表现为两个方面：一方面，教学内容更新滞后，未能及时跟上技术的发展；另一方面，教学方法过于单一，缺乏实践性，难以激发学生的学习兴趣。此外，教学资源的不充分也限制了教学质量的提升。

在计算机文化基础课程的教学中，实施网络化分级教学已成为提高教学质量的关键举措。通过分级教学，教师可以根据学生的不同层次和能力，制订差异化的教学计划，帮助学生在不同的起点上取得最大化的学习成果。

（一）网络化分级教学的具体实施

1. 科学合理地完成学生的分级

网络化分级教学的第一步是科学地划分学生的层级。根据学生计算机基础知识、技能掌握和学习兴趣的差异，教师需要进行层级划分。根据考试成绩、课堂表现等指标，学生被分为基础层次、中等层次和优秀层次三个等级。在分级时，教师应确保层级划分的公平性与科学性，使得每个层级的人数相对均衡，以便制订更具有针对性的教学内容和方法。

2. 分级教学方法

根据教育部的相关要求，计算机文化基础课程的分级教学应包括基础层次、应用层次和提高层次。基础层次的学生，计算机能力较弱，教师需要以基础理论和知识为主，确保他们掌握计算机的基本操作和概念；应用层次的学生，则应注重计算机技术的实际应用，培养他们解决问题的能力，并为创新提供培养机会；提高层次的学生，则应深化对计算机在不同领域中的应用理解，学习如何运用高端的计算机技术和软件工具。以艺术类专业的计算机文化基础课程为例，教师可以加入视频处理、图像设计及动画制作等内容，以提升学生的专业技能。

3. 充分利用网络完成教学活动

在分级教学过程中，教师的工作量大幅增加，需要对不同层级的学生进行有针对性的辅导和指导。为了减轻教师负担，提升教学效率，充分利用网络技术进行教学活动变得至关重要。教师可以利用网络平台开展在线辅导、在线测试和讨论区互动等，不仅让学生的学习更加灵活高效，还能通过平台及时跟进学生的学习进度，给予精准反馈。此外，网络化分级教学还可以激发学生的学习兴趣，提升他们的自主学习能力，从而进一步提升教学质量和效果。

（二）网络化分级教学的注意事项

在进行网络化分级教学时，教师需要充分考虑学生的多样性，包括学习能力、兴趣爱好及基础知识的掌握情况。为了有效提升分级教学的质量，教师不仅要关注学生的个体差异，还要灵活调整教学策略。以下是教师实施网络化分级教学时必须关注的要点。

1. 充分考虑学生之间的差异性

学生之间的差异性体现在多个方面，最为显著的是计算机技能的差异和对计算机文化基础课程的兴趣差异。在进行分级教学时，教师应首先根据学生的计算机能力进行层级划分，但也不能忽视学生的兴趣差异。特别是那些基础较差，但对计算机文化基础课程有浓厚兴趣的学生，他们在学习上通常能展现出更快的进步速度。对于这类学生，教师应适时调整他们的学习层级，避免让他们因处于低层级而受到挫折，确保他们在学习过程中保持积极的心态和强大的学习动力。

2. 引导学生正确认识分级教学

在分级教学中，低层级的学生可能会面临心理上的压力，产生自卑或焦虑的情绪，这对他们的学习会造成不利影响。因此，教师在完成分级后，应该及时与学生沟通，帮助他们理解分级的目的与依据，并鼓励他们积极配合教学活动。

3. 根据不同专业制订不同教学方案

各个专业的学生对计算机文化基础课程的需求不同，这主要是因为不同专业的学生对计算机的应用有不同的侧重点。因此，教师需要根据学生的专业背景来设计教学内容和方案。在分级时，教师应将同一专业的学生尽可能划分到一起，保证教学内容的专业性和针对性。例如，计算机专业的学生可能更注重编程和算法的学习，而艺术类专业的学生则更关心图像、音频和视频处理等内容。

（三）网络化分级教学在计算机文化基础课程中的积极意义

网络化分级教学在计算机文化基础课程中的应用，能够有效提升教学质量，激发学生的学习兴趣，同时满足不同学生的个性化需求，推动他们深入学习计算机技术，并为其未来的发展奠定基础。这种教学方法不仅对学生成长有帮助，也促进了教师教学方法的创新和改进。

1. 有利于计算机文化基础课程教学质量的提升

网络化分级教学的实施能够根据学生不同的学习基础，帮助他们在合适的层次上掌握计算机基础知识，从而为他们日后学习更高阶的技术打下坚实的基础。通过网络教学，教师的工作量会相对减少，这为学生提供了更多自主学习的时间，同时教师能将更多的精力集中在对学生的个性化指导上。这样，教学质量有效提升，学生能在自己的能力范围内取得更好的学习成果。

2. 能够有效激发学生的学习兴趣

网络化分级教学有助于激发学生对计算机学习的兴趣，尤其是对现在学生而言，网络已经成为他们日常生活的一部分。通过网络化分级教学方法，学生能在互动性更强的环境中进行学习，提升他们对计算机文化基础课程的兴趣。同时，在分级教学中，学生接触到的知识内容都在他们的理解范围之内，避免了过高难度的内容带来的学习压力，使学生能够在轻松愉悦的环境中逐渐培养出对计算机学习的兴趣和热情。

网络化分级教学不仅帮助学生更好地掌握计算机基础知识，还能为他们提供专业学习的良好平台，特别是对于那些兴趣浓厚的学生，能够让他们在教师的引导下更好地深入理解和应用计算机技术，进而为其将来的职业发展打下坚实的基础。

第六节　搭建网络教学平台

网络教学平台不仅能打破时间与空间的限制，还为学生提供了更为灵活便捷的学习途径，能够充分满足远程教育和终身学习的多样化需求。它通过集成丰富的优质教育资源，有效实现资源共享，帮助缩小教育资源在不同地区、不同群体之间的差距，确保每一位学生都能获得相对平等的学习机会。同时，教师可以通过网络教学平台集中管理教学内容，实时监控并评估学生的学习进度，大大提升教学的精准性和效率。更重要的是，网络教学平台为学生提供了多种互动方式，使学生能够更加积极地参与到学习过程中，从而提升学习效果，推动教育模式的创新和持续发展。

一、计算机网络课程中搭建开放式网络教学平台

随着计算机网络技术的飞速发展和广泛应用，社会对信息技术的重视不断增加，特别是在计算机网络领域，对专业人才的需求呈现出迅猛增长的趋势。计算机网络课程是一门综合性课程，涵盖了计算机网络架构、网络布局、网站设计、防火墙配置、网络规划与管理等理论与实践内容，不仅知识范围广泛，而且紧密结合专业理论与实际操作，旨在培养学生全面掌握计算机网络的基本理论和应用技能。通过课程的学习，学生能够深入理解网络通信、局域网与广域网的构建与维护等专业知识，为未来从事相关技术工作奠定坚实的基础。然而，尽管高校在教学过程中严格挑选教材，努力保持内容的新颖性，并通过多媒体课件和模拟环境相结合的方式，使课堂理论与实践紧密衔接，但在实际的教学过程中，依然存在许多问题，尤其是理论与实践的脱节。学生在实验操作时往往难以获得预期效果，根本原因在于学生在日常生活中缺乏对实际网络设备的接触与使用，缺少亲身体验如何进行网络设备的连接、配置命令的输入及网络划分等操作。虽然教师在课堂上进行了详细的示范与讲解，但由于缺乏实际操作环境，学生难以真正掌握这些技能，在实验课上大多数学生不能顺利完成任务。因此，面对新时代对高素质计算机网络技术人才的迫切需求，现有的教学模式亟须进行改革。未来的教学模式应更加注重学生自主学习和实践操作的结合，利用互动式网络平台，充分发挥多媒体与网络技术的优势，为学生提供更加开放、互动、个性化的学习体验，以适应信息时代的需求，推动计算机教育的创新与发展。

（一）开放式网络教学平台的具体要求

数字化学习平台的实现，源于多媒体技术和网络通信技术的深度融合，这一融合不仅为教育带来了创新，还使得传统的教学模式发生了根本性的变化。通过对计算机网络课程进行系统性优化与整合，可以实现开放式网络教学平台的搭建，从而突破以往的时间、空间与资源的限制。这种平台为学生提供了一个无缝连接的学习环境，使得教师与学生之间能够进行实时且全方位的交流与合作。

学生可以自主掌控学习进度，充分发挥主动学习的优势，从而提升学习效果。此外，开放式网络教学平台还带来了更加灵活的教学内容和资源管理方式，使得教学计划和材料可以根据学生的需求做出实时调整，学习和实践环境更加直观、生动。随着计算机网络与信息技术的不断发展，计算机网络课程的内容不再是孤立的，它们将彼此交织、互相补充，共同推动教育理念和教学方法的全面革新。

1. 具备计算机网络课程基础知识的最新内容

在当代教育环境下，教师需要及时更新电子教案、多媒体课件、实验模型及相关资源，以更好地支持学生的学习过程。在制作教学课件时，教师必须高度关注学生的自主学习能力，因为只有选题恰当、内容新颖且形式多样的多媒体课件，才能精准地展示学科知识体系，快速引导学生积极参与学习。教学内容的组织可以进行全方位的交叉整合，既可以根据一般逻辑顺序将章节有序编排，也可以围绕学科知识单元进行系统整理。这样的结构安排使得学生在学习时，既可以按照章节顺序逐步深入，也能够灵活选择需要学习的内容。科学合理的编排不仅便于初学者逐步掌握新知识，还允许学生根据自己的需求在学习时快速浏览相关章节，既复习了旧知识，也为学习新内容做好了准备。

2. 具有计算机网络实验的环境模拟和信息集成功能

随着计算机网络速度的不断提升与带宽的扩展，网络实验课程的未来发展将趋向于集成流媒体技术、实时教学场景和丰富的教学辅助材料。这种融合能够有效提升虚拟实验环境的真实感与互动性，创造更加人性化和个性化的学习体验。理想的虚拟实验环境应当具备友好的用户界面，并融入视觉、听觉、触觉等感官体验，确保学生能够在直观且富有表现力的界面中进行操作。即使没有传统实验设备，学生依然可以根据需要进行虚拟实验操作，这种环境不仅能激发学生对计算机网络实验的浓厚兴趣，还能提升他们的动手能力和创造性思维。在这种虚拟实验环境中，学生能够自主操控虚拟机及不同型号的网络设备，如路由器和交换机，直观体验每一条命令的执行结果。

3. 科学合理地论证学生对于学科学习的现实需求

开放式网络教学平台应当通过提供在线自助式功能，使得课程讲解、专业习题、期末考试等环节都能够在网络上高效完成。同时，还应当通过网络论坛、博客等形式，创建一个开放、互补、协作的学习平台，让教师和学生可以随时进行互动交流。通过这种互动，教师能够实时掌握学生的学习情况，并根据需要灵活调整教学内容；同时，学生能够快速获取最新的技术资讯和实践技巧，开阔思路，提升自身技能。这样的平台打破了时间与空间的限制，为协作与学习创造了无限可能，不仅便于学生自我学习和思考，还激励他们积极参与实践操作，进一步提升其动手能力。

（二）开放式网络教学平台的架构

计算机网络教学平台的架构依托于互联网环境，这不仅为其提供了巨大的实际应用价值，也促使其成为计算机网络教学和辅导过程中不可缺少的重要工具。通过高效便捷的操作和互动性强的教学模式，计算机网络教学平台正在日益成为学习和实践的重要平台。然而，我们想要使网络教学全面有效地开展，建设一个稳定、高效的教学平台是至关重要的，它不仅是平台成功运行的核心要素，还直接决定了网络教学的质量和效果。因此，我们科学合理地架构和管理网络教学资源，将是确保平台高效运作的关键因素。随着教育需求的不断演变和网络技术的快速发展，计算机网络教学平台的建设目标将不断向更加成熟、完善的方向发展，构建一个动态、可持续的网络教学环境将是未来发展的必然趋势。关于计算机网络教学平台的架构，我们应重点做好以下几个方面。

1. 学科教学的内容要更加明确

在许多计算机网络教学平台中，普遍存在“信息过饱和”的现象，原因在于这些平台过于追求建立一个庞大而全面的学习资源系统。为了实现这一目标，这些平台提供了大量的教学资料和内容，包括多媒体课件、答疑库、题库等，这些资源数量庞大且种类繁多。然而，由于缺乏针对学生个体需求的定制化内容，学生在查找学习资料时耗费了大量的时间和精力，无法实现高效、快速的学习进程。此外，由于学生并不完全了解所需的学习内容，他们在面对海量的资源时难以找到最合适的资料，这种信息过载现象导致了资源的严重浪费和过剩，成为许多教育平台亟须解决的难题。

2. 学科教学的个性化发展趋势

基于计算机网络教育技术支撑的学习方法，相比传统的学习方法，确实展现了本质的变化。传统学习通常受到课堂时间与空间的限制，学习内容常常是单向的、灌输式的。而基于计算机网络教育技术的学习，通过网络平台的支持，不仅突破了时间和空间的界限，还能提供更具灵活性与互动性的学习体验。这使得学生能够从传统的被动学习中解放出来，转向更为主动和自觉的学习。对于教学平台的构建，高校的角色至关重要。高校不仅是教学平台的建设者，更是教育理念与实践的主导者。教学平台的设计和功能设定会直接影响教学效果，进而决定教学质量。因此，在确定计算机网络平台教学资源架构时，高校需要从学生的需求出发，注重个性化、自主性及创新性的培养。教学平台的关键任务是引导学员自主发现问题，并激发他们的创造性思维，培养他们解决问题的能力。将导学目录作为教学平台的重要组成部分，能够在一定程度上帮助学生明确学习目标与方向，并根据目录自行制订学习计划。这不仅可以提高学生的学习效率，还能帮助他们识别学习中的重点和难点，提升学习的自我调节能力。通过后期的自我评估，学生能定性、定量地了解自己的学习成果，从而有效地把控学习质量。

3. 学科教学的互动式环境营造

在整个教学过程中，营造互动式环境是一种有效的方式，它可以用来解决学生在学习过程中遇到的问题，同时是教师科学合理地安排课程进度和教学内容的关键。计算机网络教学平台的引入，不仅便于教师与学生之间的沟通，还能够提供一对一和一对多的互动功能。学生通过与教师和同学之间的交流、讨论与合作，能够培养独立解决问题的能力，增强团队协作精神，提升整体协调配合的能力。这样的互动极大地激发了学员的学习热情和创造性。

同时，现代信息技术的全面运用和丰富资源的优势得到了充分发挥，这不仅使得教学方案、教学内容和实验设计更加科学合理，还促进了学员参与度、创造性、探索精神和自主学习能力的提升。这些优势正是开放式网络教学平台的核心竞争力，是学员在该平台上能够提升信息素养、创新能力，以及勇于应对挑战的关键所在。

二、计算机网络教学平台的设计与实现

随着计算机网络教学平台的应用，教学活动逐步摆脱了传统单一化模式的束缚，显著提升了教学效率，为学生创造了一个良好的学习环境，并提供了丰富的学习资源，这使得该平台受到学生和教师的广泛欢迎。然而，当前我国的计算机网络教学平台仍处于初步发展阶段，尽管取得了一定的进展，但其仍存在许多不足之处，需要优化和升级。因此，下面将基于当前教育领域对计算机网络教学平台的最新需求，深入分析该平台功能模块设计与实现的路径，力求为现代教育提供更好的服务。

信息化教学模式已经在教育系统中得到普及，并在推动传统教学模式转型的同时，暴露出现有信息化教学模式的一些僵化问题。例如，信息化教学模式依然围绕课堂教学展开，教师依旧是主导者，课堂教学的中心未能有效转变。网络教学技术仅仅作为工具辅助教师传授知识，未能充分调动学生的主动性。然而，网络教学平台作为一种新型教学模式，能够整合各类资源，不仅具备传统课堂教学的优势，还能够充分利用现代技术手段，让学生更加便捷、高效地获取知识。

（一）计算机网络教学平台的设计需求

计算机网络教学平台的设计的最终目标是使学生能够在任何时间、任何地点进行学习，满足他们的个性化学习需求，同时促进学生之间的互动与交流。为了实现这一目标，平台不仅需要支持教学资源的多方整合，还必须具备将不同教师所拥有的隐性知识转化为显性知识的能力。一个完整的教学平台不仅要满足师生的基本功能需求，还要满足其一些非功能需求，以确保平台在实际应用中的稳定性和灵活性，最大限度地提升教学效果。

1. 计算机网络教学平台的功能需求

作为传统教学模式的辅助系统，计算机网络教学平台应当遵循传统教育的基本理念，并结合现代技术提供多功能服务。具体来说，平台需要具备以下几项关键功能。

首先，网络教学功能是平台的核心功能之一，它能够辅助传统课堂教学活动，通过在线教育的形式让更多的教育资源得到整合和利用，拓宽学生的学习途径。其次，学生学习功能要求平台具备个性化的学习设计，能够根据不同学生的需求，提供独特的学习内容，帮助他们按照自己的节奏进行学习。再次，资源管理功能是为了应对信息时代的挑战，平台必须能够有效甄别各种信息资源，进行高效管理，避免不良信息对学生群体造成负面影响，同时确保学生能获取到所需的优质资源。最后，课程管理功能则强调教师的主导作用，在素质教育的大背景下，教师应通过平台的课程管理模块对教学内容进行调整和更新，包括课件的修改、课后作业的添加等，从而促进课程资源的持续优化和创新。这些功能共同支撑着平台的有效运行，推动教育的多样化和个性化发展。

2. 计算机网络教学平台的非功能需求

计算机网络教学平台的非功能需求主要是指系统在实际应用中各功能模块所

需要具备的性能特征，这些特征确保平台能够在长时间运行中保持高效和稳定。具体来说，平台的非功能需求包括以下几个方面。

首先，易用性特点要求平台的操作界面设计简单直观，能够让学生轻松上手。举例来说，登录界面应该简洁明了，避免复杂的功能设置，确保无论是学生还是教师都能够顺利登录系统并使用。

其次，安全性特点是平台设计的核心要求之一。只有保证系统的安全性，才能确保平台的稳定运行，防止用户数据或课程资源遭到篡改，从而为学生提供一个安全可靠的学习环境。

最后，扩展性特点要求平台应具备适应未来教育需求变化的能力。随着教育内容、网络技术和平台服务的不断发展，平台必须能够灵活扩展功能，以满足管理需求、业务需求等方面的变化，确保其长期的有效性和适应性。

（二）计算机网络教学平台的整体设计

计算机网络教学平台的整体设计旨在提供不受时空限制的学习环境，集中优质教学资源，实现资源共享，并满足学生个性化学习需求，同时促进教师与学生之间的多样化互动，提升教学效果。

1. 系统功能模块设计

根据前文对计算机网络教学平台功能需求和非功能需求的分析，系统的功能模块可以划分为前台学习子系统、后台资源管理子系统及后台网络课程管理子系统，以确保平台能有效支持学生的学习和教学资源的管理。

前台学习子系统是面向学生的功能模块，旨在满足学生的在线学习、考试及学习交流需求。该模块包括在线学习、题库考试、资源管理、学习小组和个人中心五个子模块。以在线学习模块为例，学生登录系统后可以根据推荐信息选择学习课程，点击课程中的“去学习”按钮进入课程学习界面。该模块还设有“笔记”和“问题”按钮，帮助学生在学习过程中记录要点和解决疑难问题，从而提升学习的互动性和自主性。

后台资源管理子系统是平台的管理功能模块，负责管理和维护系统内的各种教学资源。该模块包括基础设置、资源管理、共享资源管理、课程组装和查询统计五个子模块。以基础设置模块为例，它涵盖了资源库的配置、资源类型管理、专业授权及资源库授权等内容，确保平台中的教学资源与学生的学习需求相匹配。学生可以通过后台选择不同的资源库进行学习，如高中课程或初中课程，完成学习后可以对资源进行更新或删除管理。

后台网络课程管理子系统主要用于管理员对平台内网络课程的管理和维护。它包括基础设置、网络课程管理和查询统计三大模块。通过基础设置，管理员可以进行系统内用户的信息资源管理，如添加、删除和修改用户信息，确保系统内的用户数据和课程内容始终保持更新和规范化。

2. 系统数据库设计

在计算机网络教学平台中，数据库发挥着重要的后盾作用，其能够满足平台对各种教学资源的存储和管理应用。因此，平台拥有一个性能安全稳定的数据库至关重要。数据库在设计中主要分为用户管理、课程管理和资源管理三大模块。不同模块的设计方式是不同的。例如，课程管理模块包含着课程表，当学生选课之后还要求根据学生的课程关系表、考务分配表等进行相关匹配。

（三）计算机网络教学平台的测试分析

在开发和实现计算机网络教学平台的过程中，必须对其设计的各项软件需求进行详细分析，以识别可能存在的缺陷问题，并为平台顺利上线提供保障。为了保证平台的稳定性和功能的完备性，我们必须制订科学的测试方案，这一方案需要依托一定的测试原则、测试方法和测试工具来确保平台能够满足用户的期望并有效运行。

1. 测试原则

平台在测试过程中应当遵循明确的原则。首先，追溯原始需求，确保平台设计的每个功能模块都能切实满足用户的需求；其次，应遵循二八法则，即在测试中集中关注 80% 的缺陷和风险，这些缺陷和风险应根据其潜在危害程度从高到低逐一进行处理，而较低风险的部分可以不做详细测试。

2. 测试方法

在平台测试中，常用的测试方法包括功能测试、集成测试和性能测试，每种测试方法都具有特定的应用场景和技术要求。例如，集成测试主要关注系统模块之间的接口验证，检查不同模块的数据传递是否正确，以及系统登录功能是否正常，确保各个模块的协调性和稳定性。

3. 测试工具

为了支持平台测试，现有的技术手段提供了几种有效的测试工具，其中包括负载测试工具和零缺陷测试工具。负载测试工具主要用于性能测试，通过模拟大量用户同时登录并操作系统，测试平台在高负载情况下的表现，帮助开发者发现潜在的性能瓶颈。零缺陷测试工具作为缺陷管理工具，可以帮助开发者追踪和管理测试过程中发现的问题，确保每个缺陷都得到及时处理。

综上所述，计算机网络教学平台的设计和实现应从实际需求出发，提出新的功能要求，并根据现有的技术条件制订合理的系统开发方案。在各个模块功能设计完成并通过测试验证后，平台即可正式上线。虽然目前平台设计可以满足现阶段的教学需求，但随着科学技术的不断进步，平台仍需要持续进行优化和创新，以更好地适应未来的教学需求，并为教育活动提供更加高效的服务。

参 考 文 献

［1］李宝珠．信息技术时代高校计算机教学模式构建与创新 [M]. 长春：吉林出版集团股份有限公司，2022.

［2］唐丽．信息化教学创新素养研究：以高职院校教师为例 [M]. 北京：社会科学文献出版社，2023.

［3］侯冬青．师范生信息化教学能力创新培养的理论与实践研究 [M]. 北京：经济管理出版社，2023.

［4］张璐姣．现代教育技术对高校学生体育实践能力的影响 [J]. 计算机产品与流通，2020（4）：244.

［5］范蕤，刘萍，许仁炯．基于高职学生创新能力培养的程序设计课程开发与实践 [J]. 河北软件职业技术学院学报，2024，26（1）：47-50.

［6］陈禧鸿．大数据背景下高职计算机教育网络化管理策略分析 [J]. 数字技术与应用，2020，38（5）：220+222.

［7］刘允涛，刘悦．高职计算机公共实训课线上线下混合式教学改革 [J]. 实验技术与管理，2020，37（6）：243-245.

［8］牛雨，刘云涛，杨晨明．新一代信息技术提升高职学生信息素养的教育途径探究 [J]. 山东商业职业技术学院学报，2024，24（1）：36-39+53.

［9］王晓红．探索计算机基础教学中培养学生信息素养的路径和资源建设 [J]. 电脑知识与技术，2021，17（5）：172-173.

［10］蔡敏，胡承晨．基于慕课的探究式教学模式的构建与实践 [J]. 安徽师范大学学报（自然科学版），2023，46（3）：299-306.

［11］李祁，王凤芹，杜晶，等．“立德树人，为战育人”背景下军校大学计算机基础课程思政建设 [J]. 计算机教育，2023（9）：55-59.

［12］高贤强，张学东，陈立平，等．“大学计算机基础”课程思政教学改革策略 [J]. 西部素质教育，2023，9（12）：48-51.

[13] 黄恒一，付三丽 . 混合“线上”+“线下”嵌入式课程考核改革研究 [J]. 无线互联科技，2023，20（16）：150-153.
[14] 杨爱红，申蕊，琚辉，等 . 翻转课堂与内容本位语言教学在有机化学实验课程中的整合应用研究 [J]. 化学教育（中英文），2022，43（4）：81-87.
[15] 刘珊珊，王浩然，孙晓芳，等 . 高校学报“移动课堂”教学促进科技论文写作发展探索 [J]. 编辑学报，2020，32（1）：101-103+108.
[16] 高远，逯明宇 . 校企合作模式下吉林省高职院校在线开放课程优化 [J]. 现代企业，2022（4）：157-158.
[17] 马骏，方振龙 . 基于“电工电子技术”省级精品在线课程的线上线下混合式教学模式改革研究与实践 [J]. 南方农机，2022，53（8）：162-165.
[18] 王洋利，杨凌雯 .5G 信息时代高校计算机基础教学中翻转课堂应用研究 [J]. 南北桥，2022（11）：94-96.
[19] 田华锋 . 基于 SPOC+ 虚拟仿真的翻转课堂模式在高校计算机教学中的运用 [J]. 山西青年，2022（14）：99-101.
[20] 甘守飞，刘云东，单昕 . 翻转课堂理念下计算机基础课程教学改革实践研究 [J]. 宿州学院学报，2021，36（8）：73-76.
[21] 李晓东 . 计算机课程中翻转课堂教学模式的实践探讨 [J]. 电脑知识与技术，2021，17（5）：141-143.
[22] 李晓宇，郑富 . 新时代翻转课堂教学模式探索：以计算机理论课为例 [J]. 科学咨询，2023（15）：1-7.
[23] 王蕾 . 网络环境下中职计算机教学的思考 [J]. 信息与电脑（理论版），2024，36（14）：59-61.
[24] 李峤，黄庆涛 .“互联网 + 教育”混合教学模式下高校计算机教学的创新与突破研究 [J]. 才智，2019（21）：147.
[25] 李菊霞，李艳文，马娜 . 大数据时代高校计算机应用基础教学改革与实践 [J]. 智库时代，2019（30）：98+100.
[26] 方海诺 . 高校计算机课程教学存在的问题及解决对策 [J]. 黑龙江科学，2019，10（13）：36-37.

后　　记

在撰写本书的后记之际，笔者心中不禁涌动着对技术进步与教育变革深刻交融的感慨与期待。本书的研究不仅是对计算机教育领域现状的深度剖析，更是对未来教育图景的前瞻探索。信息技术，这一时代浪潮中的璀璨明珠，正以它独有的力量悄然重塑着计算机教育的面貌，激发了前所未有的教学创新活力。

回顾研究历程，我们见证了信息技术如何突破传统教室的物理界限，通过在线教育平台、虚拟实验室、智能教学系统等多元化工具，让知识获取更加便捷高效。学生不再受限于地域和时间，能够随时随地接入优质教育资源，进行个性化学习，这不仅极大地拓宽了学生学习的边界，也促进了教育公平的实现。同时，大数据与人工智能技术的应用，使得教学过程得以精准化、智能化，教师能够依据学生的学习行为和成效数据，及时调整教学策略，实现因材施教，提升教学效果与学生满意度。

更为重要的是，信息技术的融入，促进了计算机教育从"知识传授"向"能力培养"的转变，不仅提升了学生解决实际问题的能力，还培养了他们的创新思维和团队协作能力，为其未来的职业生涯奠定了坚实的基础。学生在探索与实践中，逐渐成长为适应数字时代需求的复合型人才。

然而，面对信息技术带来的无限可能，我们应清醒地认识到，技术的革新并非万能的。如何在享受技术便利的同时，确保教育的本质不被异化，如何平衡技术使用与学生身心健康的关系，以及如何有效应对技术更新带来的师资培训挑战，都是值得我们深思的问题。因此，加强教育政策引导，提升教师队伍的信息素养，以及构建包容开放的教育评价体系，成为推动计算机教育持续健康发展的关键。

在撰写本书的过程中，笔者得到了来自各方的支持与帮助。无论是同行专家的悉心指导，还是一线教师的宝贵建议，都为笔者提供了源源不断的灵感与动力。特别是那些勇于尝试新教学模式、积极投身教育改革的教育者，他们的实践经验与心得体会，成为本书不可或缺的组成部分。在此，笔者向他们表示最诚挚的感谢与敬意。

总之，信息技术与计算机教育的创新融合，不仅是对传统教学模式的一次革新，更是对未来教育形态的一次勇敢尝试。它启示我们，教育应紧跟时代步伐，充分利用信息技术的优势，不断探索与实践，以培养更多具备创新精神与实践能力的时代新人。展望未来，我们满怀信心，相信在信息技术与教育深度融合的道路上，计算机教育将绽放出更加璀璨的光芒，照亮每一个求知者的心灵，引领社会向更加智慧、包容的未来迈进。